G. Stuttgart-Zuffenhausen
ahrgestell-Nr.
ujahr
chslast hinten kg
9112300041
1971
840

DELIUS KLASING

JÜRGEN LEWANDOWSKI MICHAEL STOSCHEK

Die Legende kehrt zurück

Entdeckung und Wiederaufbau des Porsche 911 2.5 S/T von 1971

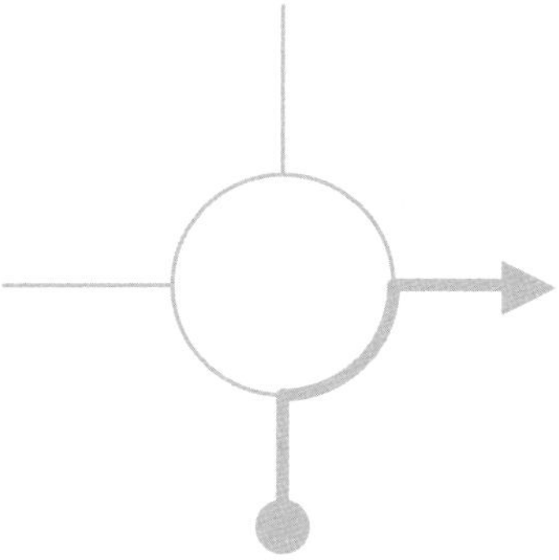

DELIUS KLASING VERLAG

J.-C. PERRAMOND
SEB

„WENN SICH DIE WETTERVERHÄLTNISSE NICHT SO DRAMATISCH ENTWICKELT HÄTTEN, WÄRE DER SIEG DURCHAUS MÖGLICH GEWESEN.“

GÉRARD
LARROUSSE

„NATÜRLICH MUSSTE DER LARROUSSE 911 S/T EINES TAGES WIEDER ZUR RALLYE MONTE CARLO ZURÜCKKEHREN – 2015 WAR ES SOWEIT.“

MICHAEL STOSCHEK

4
VARSOVIE
K. SCHMITZEK
BIE
Shell
4
SEB
SEB
DUNLOP

„DER GEWINN DER RALLYE-EUROPA-MEISTERSCHAFT FÜR HISTORISCHE FAHRZEUGE ZEIGTE 2006 NOCH EINMAL DIE QUALITÄTEN DIESES 911 S/T."

MICHAEL STOSCHEK

brose
SEB
1972 4 1972
RALLYE MONTE-CARLO
S AK 1336
Shell
Repa

Shell
SEB
SEB
4
VARSOVIE
Shell
DUNLOP
CIBIE
BOSCH
Shell

„ZWEI FAHRZEUGE – EIN NAME: 911 S/T. DAZWISCHEN LIEGT EIN HALBES JAHRHUNDERT TECHNISCHER FORTSCHRITT, DIE FASZINATION BLEIBT DIESELBE."

MICHAEL
STOSCHEK

INHALT

SEB
4
VARSOVIE
CIBIE
Shell

Shell
SEB
S AK 1336

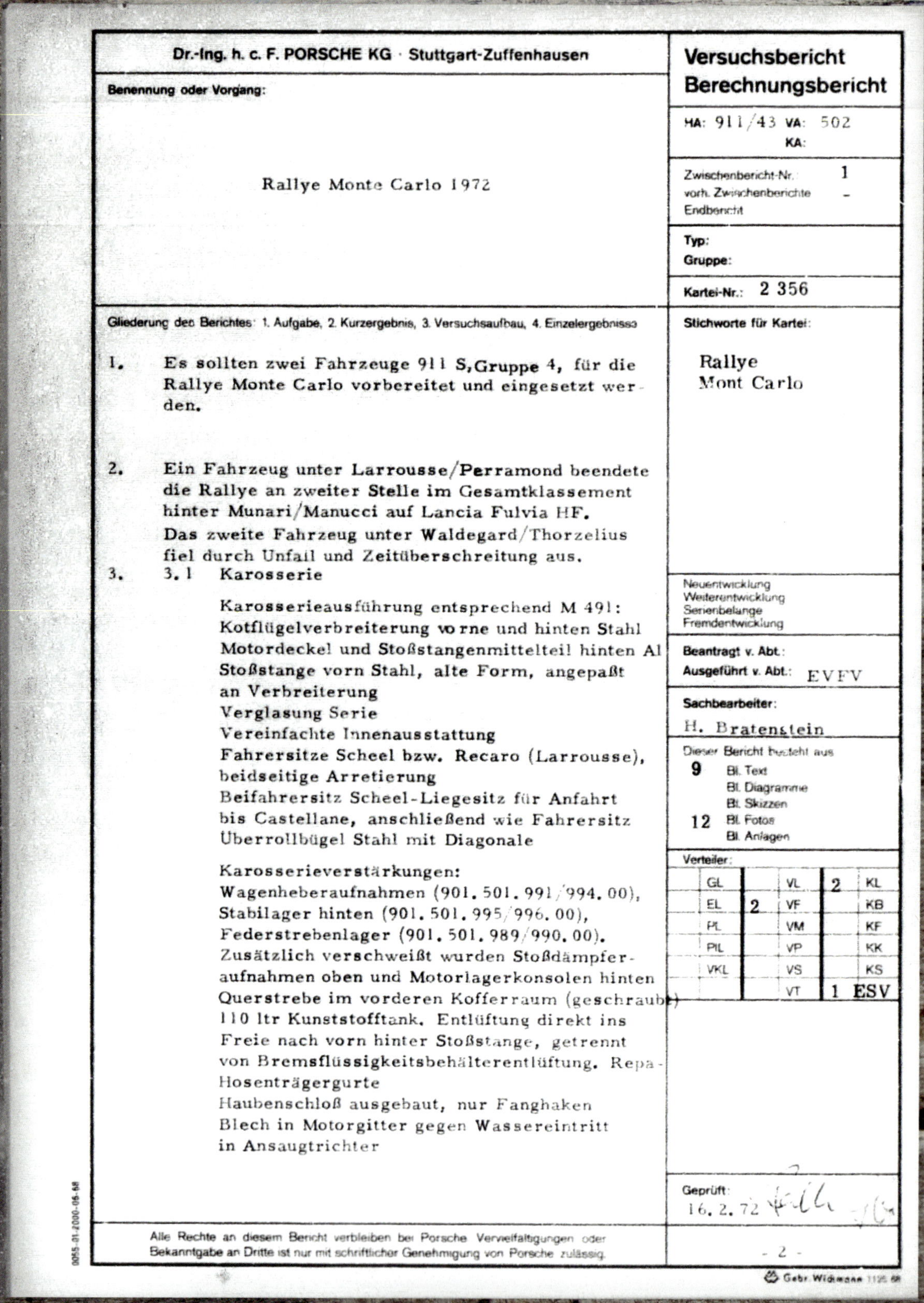

Dr.-Ing. h. c. F. PORSCHE KG · Stuttgart-Zuffenhausen

Versuchsbericht
Berechnungsbericht

HA: 911/43 VA: 502
KA:

Benennung oder Vorgang:

Rallye Monte Carlo 1972

Zwischenbericht-Nr.: 1
vorh. Zwischenberichte: -
Endbericht

Typ:
Gruppe:

Kartei-Nr.: 2 356

Gliederung des Berichtes: 1. Aufgabe, 2. Kurzergebnis, 3. Versuchsaufbau, 4. Einzelergebnisse

Stichworte für Kartei:

Rallye
Mont Carlo

1. Es sollten zwei Fahrzeuge 911 S, Gruppe 4, für die Rallye Monte Carlo vorbereitet und eingesetzt werden.

2. Ein Fahrzeug unter Larrousse/Perramond beendete die Rallye an zweiter Stelle im Gesamtklassement hinter Munari/Manucci auf Lancia Fulvia HF.
Das zweite Fahrzeug unter Waldegard/Thorzelius fiel durch Unfall und Zeitüberschreitung aus.

3. 3.1 Karosserie

Karosserieausführung entsprechend M 491:
Kotflügelverbreiterung vorne und hinten Stahl
Motordeckel und Stoßstangenmittelteil hinten Al
Stoßstange vorn Stahl, alte Form, angepaßt an Verbreiterung
Verglasung Serie
Vereinfachte Innenausstattung
Fahrersitze Scheel bzw. Recaro (Larrousse), beidseitige Arretierung
Beifahrersitz Scheel-Liegesitz für Anfahrt bis Castellane, anschließend wie Fahrersitz
Überrollbügel Stahl mit Diagonale

Karosserieverstärkungen:
Wagenheberaufnahmen (901.501.991/994.00),
Stabilager hinten (901.501.995/996.00),
Federstrebenlager (901.501.989/990.00).
Zusätzlich verschweißt wurden Stoßdämpferaufnahmen oben und Motorlagerkonsolen hinten
Querstrebe im vorderen Kofferraum (geschraubt)
110 ltr Kunststofftank. Entlüftung direkt ins Freie nach vorn hinter Stoßstange, getrennt von Bremsflüssigkeitsbehälterentlüftung. Repa-Hosenträgergurte
Haubenschloß ausgebaut, nur Fanghaken
Blech in Motorgitter gegen Wassereintritt in Ansaugtrichter

Neuentwicklung
Weiterentwicklung
Serienbelange
Fremdentwicklung

Beantragt v. Abt.:
Ausgeführt v. Abt.: EVFV

Sachbearbeiter:
H. Bratenstein

Dieser Bericht besteht aus
9 Bl. Text
Bl. Diagramme
Bl. Skizzen
12 Bl. Fotos
Bl. Anlagen

Verteiler:

GL		VL	2	KL	
EL	2	VF		KB	
PL		VM		KF	
PIL		VP		KK	
VKL		VS		KS	
		VT	1	ESV	

Geprüft:
16. 2. 72

- 2 -

9055-01-2000-05-68

Gebr. Wichmann 1125 68

DER 911 2.5 S/T

Am 23. August 1971 begann die Porsche-Versuchsabteilung mit dem Aufbau des 911 2.5 S/T für Gérard Larrousse.

Porsche's testing department began building the 911 2.5 S/T for Gérard Larrousse on August 23, 1971.

Gérard Larrousse war mit seinem Resultat mit dem 914/6 GT bei der Rallye Monte Carlo 1971 nicht zufrieden gewesen und er hörte im Sommer 1971 von dem geplanten 2.5-Liter-Motor des S/T für die Saison 1972. Da Porsche an einem Einsatz bei der Rallye Monte Carlo 1972 nicht interessiert war, machte sich Larrousse selbst auf die Suche nach Sponsoren und fand mit dem französischen Kochgeschirrhersteller SEB, der seinen neuen Schnellkochtopf bewerben wollte, sowie mit dem Benzinproduzenten Shell zwei Sponsoren, die die Finanzierung der zwei Fahrzeuge von ihm und Björn Waldegård sicherten. Die Firma SEB ist danach übrigens nie wieder im Motorsport aufgetaucht.

Die Entscheidung fiel frühzeitig: Bereits am 29. Juli 1971 – unmittelbar vor dem Modelljahreswechsel – wurde der Fahrzeug-Auftrag für den 911 S ausgestellt, mit dem Anfang des Folgejahres Gérard Larrousse bei der Rallye Monte Carlo an den Start gehen sollte. In die Zeilen „Motor-Typ“ und „Getriebe-Typ“ stehen handschriftlich die Worte „ohne“ eingetragen. Lediglich die Typnummern der Aggregate waren festgelegt. Als Lackierung ist der Farbton „Blutorange“ mit der Nummer 2323 angegeben. Für Innenausstattung und Sitze wurde „Kunstleder schwarz“ vorgegeben. Als Reifen waren Michelin-Pneus in der Größe 185/70 VR 15 vorgesehen.

Am 23. August 1971 wurde der Sportwagen mit der Fahrgestellnummer 911 230 0041 „ohne Motor u. Getriebe dem Versuch übergeben“, so der handschriftliche Vermerk auf der Auftragskarte. Traditionell rüstete die Porsche Versuchsabteilung das Wettbewerbsfahrzeug auf Basis von Serienmodellen aus. In einem Versuchsbericht wurde die „Karosserieausführung entsprechend M 491“ genau aufgelistet:

- Kotflügelverbreiterung vorne und hinten Stahlblech (um jeweils 50 Millimeter)
- Motordeckel und Stoßstangenmittelteil hinten AL
- Stoßstange vorn Stahl, alte Form, angepasst an Verbreiterung
- Verglasung Serie
- Vereinfachte Innenausstattung
- Fahrersitz Recaro, beidseitige Arretierung
- Beifahrersitz Scheel-Liegesitz für Anfahrt bis Castellane, anschließend wie Fahrersitz
- Repa-Hosenträgergurte
- Überrollbügel Stahl mit Diagonale

Twinmaster, Stopuhr, Leseleuchte - ein Potentiometer für Beleuchtung
Drehzahlmesser 10 000 U/min verdreht eingebaut
Kartentasche L 355 x B 55 x H 130 auf Mitteltunnel hinter Handbremse und an rechter Türtafel L 360 x B 70 x H 190
Helmkästen aus Alu-Blech auf Notsitzen L 240 x B 295 x H 165
Feuerlöscher 1 kg auf Getriebetunnel
Ölsammelbehälter 3 ltr (Scheibenwaschwasserbehälter)
Ölkühlerabdeckbleche 901.107.085.00/713.00 verbreitert wegen Kotflügelverbreiterung
Kühllufteintritt in Stoßstange mit Gitter versehen
je ein Horn 914 vor Batteriekästen montiert
Alu-Blech zwischen Unterkante Ölkühlerabdeckung und Unterkante Stoßstange 901.107.015/016.00
Scheibenwaschwasserbehälter abgeflacht wegen Reserverad 185-15
Spritzlappen hinten Gummi mit Reservelappen aufgerollt ((Verdeckstoff)

Beleuchtung:
Hauptscheinwerfer Cibié-Einsatz H1, 55 W im Hella-Gehäuse
Nebelscheinwerfer Cibié-Zusatzabblendlicht Typ Pallas H1, 55 W
Weitstrahler Cibié-Weitstrahler Typ Pallas H1, 100 W

Schaltung der Nebelscheinwerfer:
a) aus
b) immer ab Standlicht

Schaltung der Weitstrahler:
a) immer ab Parklicht
b) normal nach StVZO
c) ganz abschaltbar

Bei Tag Kunststoffabdeckkappen eigener Fertigung

3.2 Fahrwerk

VA-Dämpferbeine Bilstein 220/50 (911.341.079/080.32
Achsschenkel zusätzlich verschweißt, Führungen mit Schmiertaschen
Querlenker Serie, jedoch Stabibock und Haltenase für Kugelgelenk zusätzlich verschweißt
Federstab Serie 911, 18,8 Ø (901.343.101/102.12)
Hilfsträger Alu geschmiedet (911.341.013.00)
Lenkung: alte ZF-Topflenkung (901.347.010.02), Kreuzgelenke alte Ausführung, geschmiedet
Lenkung bei Larrousse 5 mm höher gesetzt!
Stabilisator 15 Ø, durch Klemmschellen gegen seitl. Verschieben gesichert.

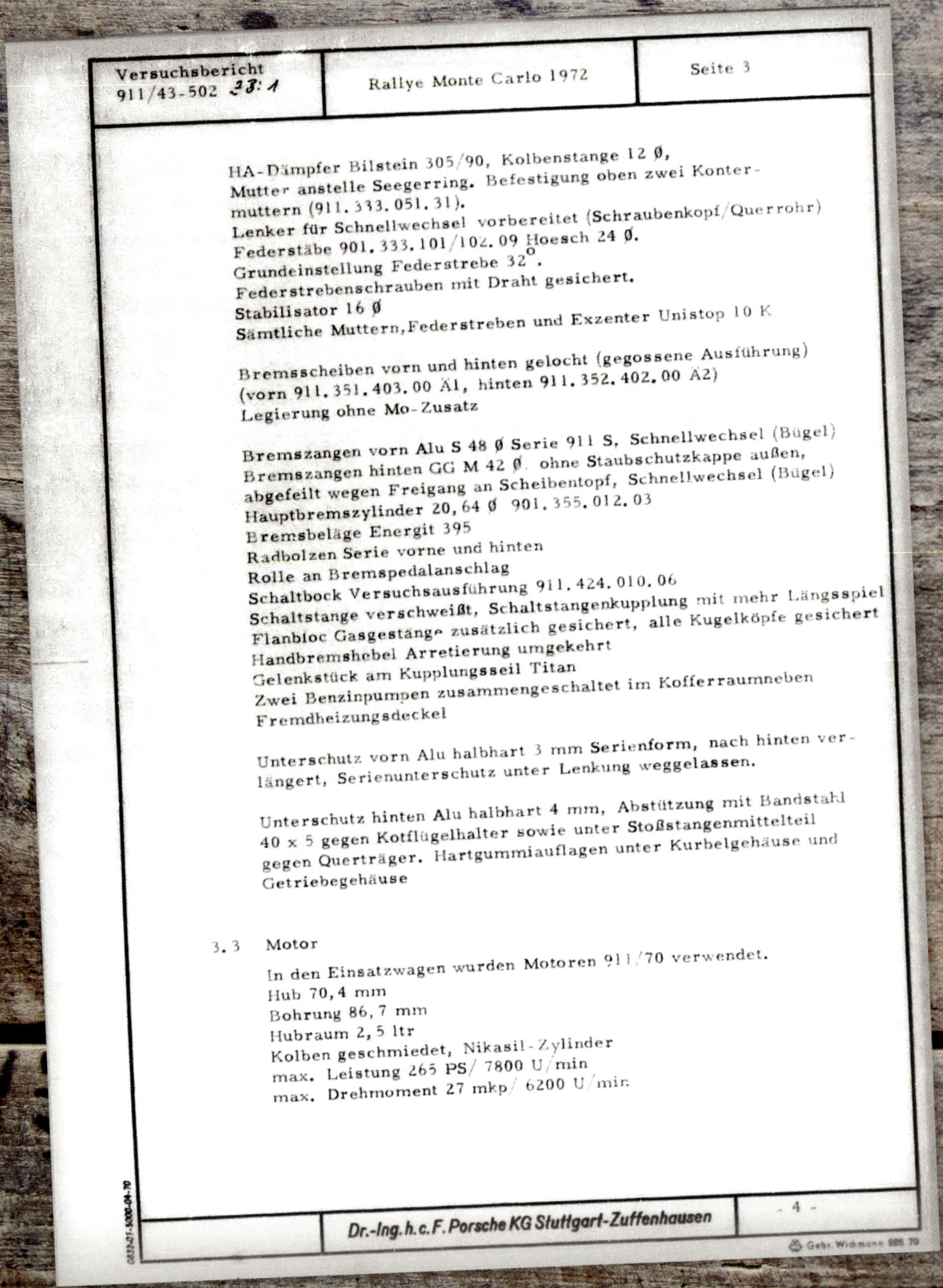

Versuchsbericht 911/43-502 23:1	Rallye Monte Carlo 1972	Seite 3

HA-Dämpfer Bilstein 305/90, Kolbenstange 12 Ø,
Mutter anstelle Seegerring. Befestigung oben zwei Konter-
muttern (911.333.051.31).
Lenker für Schnellwechsel vorbereitet (Schraubenkopf/Querrohr)
Federstäbe 901.333.101/102.09 Hoesch 24 Ø.
Grundeinstellung Federstrebe 32°.
Federstrebenschrauben mit Draht gesichert.
Stabilisator 16 Ø
Sämtliche Muttern,Federstreben und Exzenter Unistop 10 K

Bremsscheiben vorn und hinten gelocht (gegossene Ausführung)
(vorn 911.351.403.00 A1, hinten 911.352.402.00 A2)
Legierung ohne Mo-Zusatz

Bremszangen vorn Alu S 48 Ø Serie 911 S, Schnellwechsel (Bügel)
Bremszangen hinten GG M 42 Ø, ohne Staubschutzkappe außen,
abgefeilt wegen Freigang an Scheibentopf, Schnellwechsel (Bügel)
Hauptbremszylinder 20,64 Ø 901.355.012.03
Bremsbeläge Energit 395
Radbolzen Serie vorne und hinten
Rolle an Bremspedalanschlag
Schaltbock Versuchsausführung 911.424.010.06
Schaltstange verschweißt, Schaltstangenkupplung mit mehr Längsspiel
Flanbloc Gasgestänge zusätzlich gesichert, alle Kugelköpfe gesichert
Handbremshebel Arretierung umgekehrt
Gelenkstück am Kupplungsseil Titan
Zwei Benzinpumpen zusammengeschaltet im Kofferraumneben
Fremdheizungsdeckel

Unterschutz vorn Alu halbhart 3 mm Serienform, nach hinten verlängert, Serienunterschutz unter Lenkung weggelassen.

Unterschutz hinten Alu halbhart 4 mm, Abstützung mit Bandstahl 40 x 5 gegen Kotflügelhalter sowie unter Stoßstangenmittelteil gegen Querträger. Hartgummiauflagen unter Kurbelgehäuse und Getriebegehäuse

3.3 Motor

In den Einsatzwagen wurden Motoren 911/70 verwendet.
Hub 70,4 mm
Bohrung 86,7 mm
Hubraum 2,5 ltr
Kolben geschmiedet, Nikasil-Zylinder
max. Leistung 265 PS/ 7800 U/min
max. Drehmoment 27 mkp/ 6200 U/min

0833-07-5000-04-70

	Dr.-Ing.h.c.F.Porsche KG Stuttgart-Zuffenhausen	- 4 -

Gebr. Widmann 926 70

Versuchsbericht 911/43-502 23:1	Rallye Monte Carlo 1972	Seite 4

R-Auspuffanlage mit Wärmetauschern, Spezialanfertigung
Schalldämpfer mit drei Ausgängen
Rückförderschlauch Stahl-ummantelt

Kupplung
Anpreßkraft 760 - 840 kp
Belag Textar 357

3.4 Ölkühlanlage

Ölfilterkonsole mit geänderten Schraubstutzen (Sechskant verlängert)
Ölleitungen zum Kühler und vom Kühler zum Tank durch Schläuche im Wageninneren
Verbindung vom rechten zum linken Ölkühler durch Schläuche im Kofferraum (alles ummantelt)
Bei evtl. Beschädigung konnte wahlweise der linke oder der rechte Kühler umgangen werden
Öltank nach unten verlängert, ca. 2 ltr höherer Inhalt
Anschlüsse für Schlauchverlegung geändert

3.5 Getriebe

Einsatz- und Traininggetriebe 915/05 mit Ölpumpe

Kegel-Tellerrad 7 : 37

		V_{max} (8 000 U/min) =
I	= 11 : 35	57 km/h
II	= 17 : 35	86 km/h
III	= 21 : 31	123 km/h
IV	= 24 : 28	155 km/h
V	= 26 : 26 (Wald.)	180 km/h
	27 : 25 (Larr.)	195 km/h

Sperre 40 %

3.6 Fahrzeughöhen, Radstellungen

a) Larrousse

HA-Drehstäbe 24 Ø gebraucht aus Trainingswagen ca. 6 000 km, eingebaut mit 30°

Radlasten

216	225
290	296

Höhen

- 17	- 17
- 17	- 20

nach Probefahrt 80 km hinten gesetzt um 2,5° auf 27,5° damit Höhen hinten

- 38 | - 41

0653-01-5000-04-70

	Dr.-Ing. h. c. F. Porsche KG Stuttgart-Zuffenhausen	- 5 -

Der Tankdeckel im Kotflügel entfiel, der Einfüllstutzen lag unter dem Kofferraumdeckel. Das Mittelteil der Heckstoßstange bestand aus Aluminium mit zwei Aussparungen für den Rennauspuff. Die Stoßstangen waren betont schlicht und hatten weder Gummi- noch Zierleiste. Die Bugschürze besaß eine Spoilerlippe und war aus glasfaserverstärktem Kunststoff gefertigt. Die Stoßstangenhörner hinten und vorn entfielen. An beiden Türen gab es keine Zierleisten. Unmittelbar vor der Frontscheibe war ein von außen zu betätigender Generalausschalter für den gesamten Stromkreis als Sicherungsmaßnahme integriert.

Für den Rallyeeinsatz verstärkten die Spezialisten des Versuchs die Karosserie an Wagenheberaufnahmen, Stabilager hinten und Federstrebenlager. Zusätzlich verschweißt wurden Stoßdämpferaufnahmen oben und Motorlagerkonsolen hinten, während die Querstrebe im vorderen Kofferraum geschraubt war. Unter der Fronthaube saß der 110-Liter-Kunststofftank mit Entlüftung direkt ins Freie nach vorn, hinter die Stoßstange und getrennt von der Bremsflüssigkeitsbehälterentlüftung.

Des Weiteren zählte der Bericht folgende Arbeiten an dem 911 S/T zur Vorbereitung auf die Rallye Monte Carlo auf:

- „Haubenschloss ausgebaut, nur Fanghaken
- Blech in Motorgitter gegen Wassereintritt in Ansaugtrichter
- Twinmaster, Stoppuhr, Leseleuchte – ein Potentiometer für Beleuchtung
- Drehzahlmesser 10.000 U/min verdreht eingebaut
- Kartentasche auf Mitteltunnel hinter Handbremse und an rechter Türtafel
- Helmkästen aus Alu-Blech auf Notsitzen
- Feuerlöscher auf Getriebetunnel
- Ölsammelbehälter 3 ltr (Scheibenwaschwasserbehälter)
- Ölkühlerabdeckbleche verbreitert wegen Kotflügelverbreiterung
- Kühllufteintritt in Stoßstange mit Gitter versehen
- je ein Horn vor Batteriekästen montiert
- Alu-Blech zwischen Unterkante Ölkühlerabdeckung und Unterkante Stoßstange
- Scheibenwasserbehälter abgeflacht wegen Reserverad 185-15
- Spritzlappen hinten Gummi mit Reservelappen aufgerollt (Verdeckstoff)

Der neu entwickelte Einspritzmotor hatte einen Hubraum von 2.492 cm³ und leistete bei 7.800/min 265 PS. Jürgen Barth begleitet den Aufbau pedantisch.

The newly developed fuel-injection engine had a displacement of 2,492 cc and an output of 265 hp at 7,800 rpm. Jürgen Barth was meticulous in supervising the build.

Für eine möglichst hohe Lichtausbeute bei Einhaltung des Reglements erhielt der 911 S/T eine spezielle Beleuchtung. Die Hauptscheinwerfer wurden mit einem Cibié-Einsatz H1, 55 W im Hella-Gehäuse versehen. Die Nebelscheinwerfer arbeiteten als Cibié-Zusatzabblendlicht 55 W. Sie waren so geschaltet, dass sie entweder ausgeschaltet oder ab der Stellung Standlicht immer eingeschaltet waren. Von Cibié stammten ebenfalls die Weitstrahler mit 100-Watt-Birnen. Angepasst war auch die Schaltung der Weitstrahler in a) immer ab Parklicht, b) normal nach StVZO und c) ganz abschaltbar. Bei Tag waren sie durch Kunststoffabdeckkappen eigener Fertigung geschützt.

Das Fahrwerk wurde mit eine Reihe von Modifikationen an die hohen Belastungen der Rallye angepasst. Vorne waren 7"-Aluminiumfelgen montiert, hinten 9"-Felgen mit entsprechend breiten Reifen. An der Vorderachse montierten die Versuchsingenieure Bilstein-Dämpferbeine 220/50. Die Achsschenkel wurden zusätzlich verschweißt, die Führungen mit Schmiertaschen versehen. Der Querlenker entstammte der Serie, jedoch waren Stabiblock und Haltenase für das Kugelgelenk ebenfalls zusätzlich verschweißt. Die ZF-Topflenkung, mit geschmiedeten Kreuzgelenken, wurde um fünf Millimeter höher gesetzt. Der Hilfsträger bestand aus geschmiedetem Aluminium. Die vorderen Federstäbe entsprachen der Serie, der 15 Millimeter starke Stabilisator war durch Klemmschellen zusätzlich gegen seitliches Verschieben gesichert.

An der Hinterachse waren Bilstein-Stoßdämpfer 305/90 mit einer 12-Millimeter-Kolbenstange montiert. Der Seeger-Ring zur Befestigung war durch eine Mutter ersetzt worden, die obere Befestigung wurde durch zwei Kontermuttern gesichert. Die Federung übernahmen zwei Federstäbe mit 24 Millimetern Durchmesser, der Stabilisator maß 16 Millimeter im Durchmesser. Nach einer 100 Kilometer langen Probefahrt in Weissach war das Fahrzeug hinten etwas höher gestellt worden.

Die Bremsanlage bestand aus gegossenen und gelochten Bremsscheiben, an der Vorderachse mit den Aluminium-Bremszangen des serienmäßigen 911 S. Diese waren für den Schnellwechsel speziell vorbereitet. Hinten saßen Grauguss-Sättel ohne Staubschutzkappe außen, abgefeilt für den Freigang am Scheibentopf. Diese Zangen waren ebenfalls für den Schnellwechsel vorbereitet.

Vorn schützte ein drei Millimeter starker Unterschutz aus halbhartem Aluminium vor Beschädigungen, der Serienunterschutz unter der Lenkung entfiel. Der Unterschutz hinten bestand aus vier Millimeter starkem halbharten Aluminium und war mit Bandstahl gegen Kotflügelhalter sowie unter dem Stoßstangenmittelteil gegen Querträger abgestützt. Dazu kamen Hartgummiauflagen unter dem Kurbelgehäuse und dem Getriebegehäuse.

Als erstes wurden die 50 Millimeter messenden Kotflügelverbreiterungen angeschweißt.

The first step was to attach the 50-millimeter fender flares.

Alles Handarbeit: Der 911 S/T bekommt die größeren Kotflügelverbreiterungen angeschweißt.

Everything done by hand: The larger fender flares are welded onto the 911 S/T.

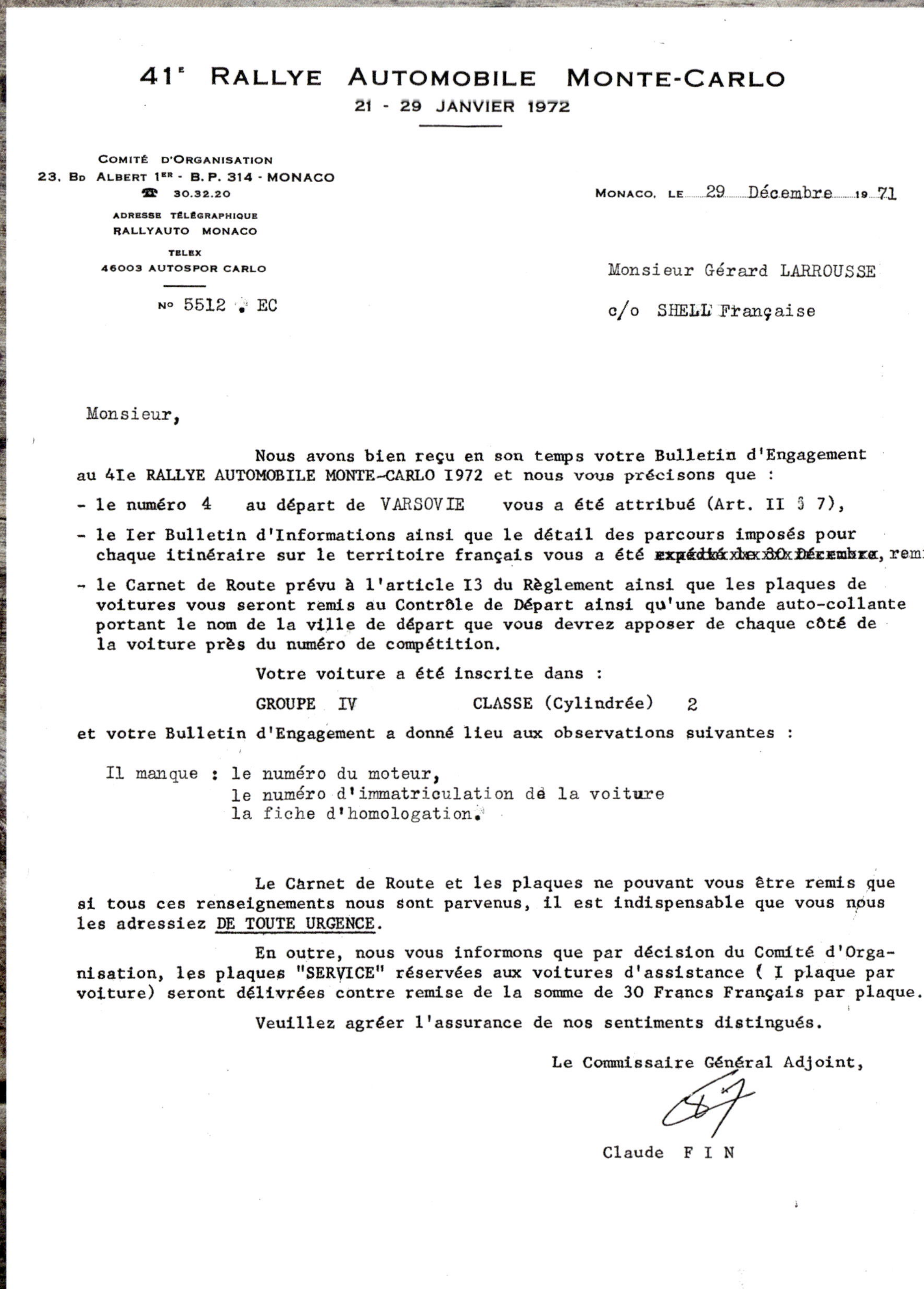

41ᴱ RALLYE AUTOMOBILE MONTE-CARLO

21 - 29 JANVIER 1972

COMITÉ D'ORGANISATION
23, Bd ALBERT 1ER - B. P. 314 - MONACO
☎ 30.32.20
ADRESSE TÉLÉGRAPHIQUE
RALLYAUTO MONACO
TELEX
46003 AUTOSPOR CARLO

No 5512 . EC

MONACO, LE 29 Décembre 19 71

Monsieur Gérard LARROUSSE

c/o SHELL Française

Monsieur,

Nous avons bien reçu en son temps votre Bulletin d'Engagement au 41e RALLYE AUTOMOBILE MONTE-CARLO 1972 et nous vous précisons que :

- le numéro 4 au départ de VARSOVIE vous a été attribué (Art. II § 7),
- le Ier Bulletin d'Informations ainsi que le détail des parcours imposés pour chaque itinéraire sur le territoire français vous a été ~~expédié le 30 Décembre~~, remi
- le Carnet de Route prévu à l'article I3 du Règlement ainsi que les plaques de voitures vous seront remis au Contrôle de Départ ainsi qu'une bande auto-collante portant le nom de la ville de départ que vous devrez apposer de chaque côté de la voiture près du numéro de compétition.

Votre voiture a été inscrite dans :

GROUPE IV CLASSE (Cylindrée) 2

et votre Bulletin d'Engagement a donné lieu aux observations suivantes :

Il manque : le numéro du moteur,
le numéro d'immatriculation de la voiture
la fiche d'homologation.

Le Carnet de Route et les plaques ne pouvant vous être remis que si tous ces renseignements nous sont parvenus, il est indispensable que vous nous les adressiez DE TOUTE URGENCE.

En outre, nous vous informons que par décision du Comité d'Organisation, les plaques "SERVICE" réservées aux voitures d'assistance (I plaque par voiture) seront délivrées contre remise de la somme de 30 Francs Français par plaque.

Veuillez agréer l'assurance de nos sentiments distingués.

Le Commissaire Général Adjoint,

Claude F I N

Bestätigungen müssen sein: Der Automobile Club Monaco (ACM) möchte mehr über den 911 S/T von Gérard Larrousse wissen.

The devil is in the detail: The Automobile Club of Monaco (ACM) requests further information about Gérard Larrousse's 911 S/T.

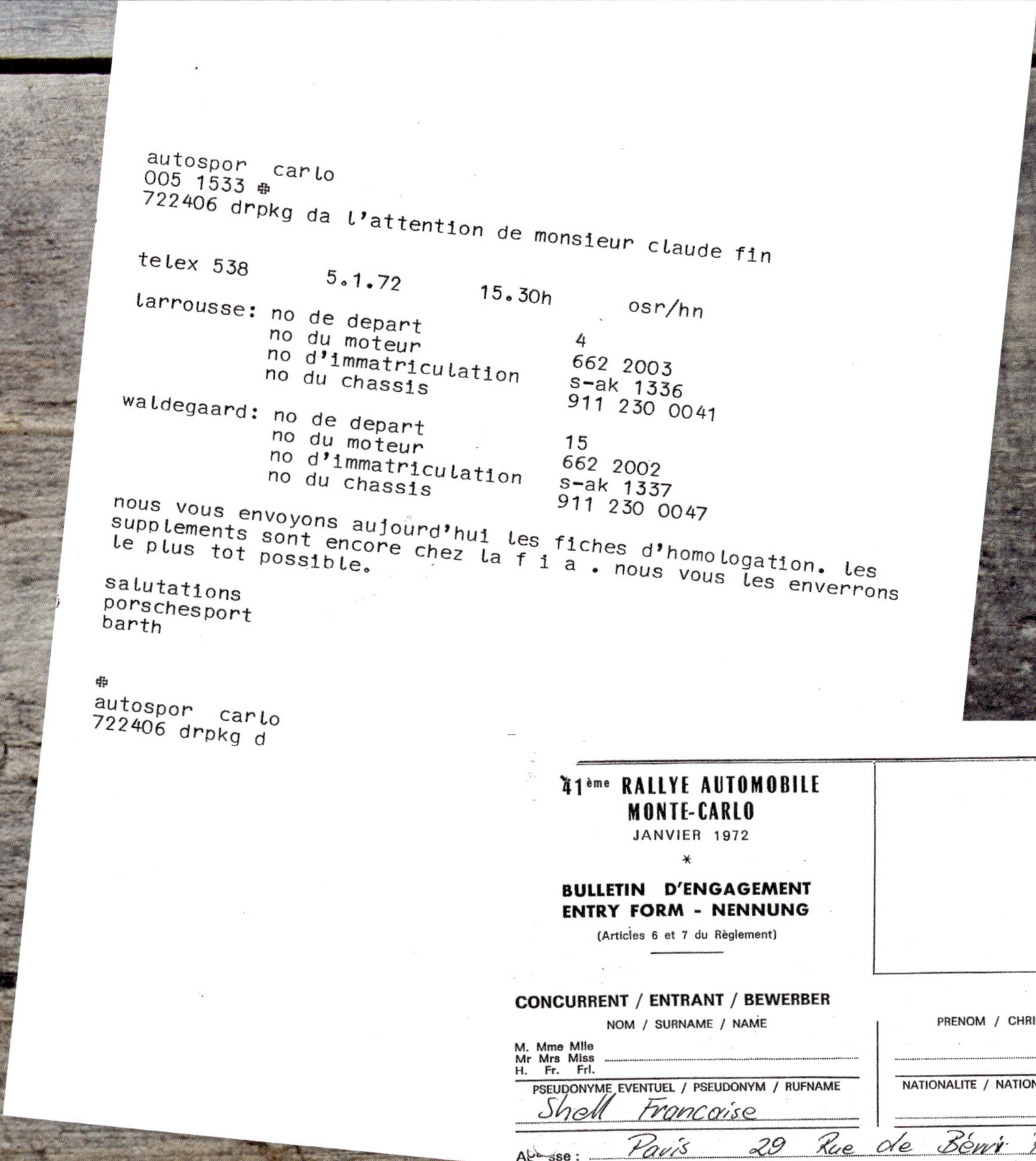

autospor carlo
005 1533 ⊕
722406 drpkg da l'attention de monsieur claude fin

telex 538 5.1.72 15.30h osr/hn

larrousse: no de depart 4
no du moteur 662 2003
no d'immatriculation s-ak 1336
no du chassis 911 230 0041

waldegaard: no de depart 15
no du moteur 662 2002
no d'immatriculation s-ak 1337
no du chassis 911 230 0047

nous vous envoyons aujourd'hui les fiches d'homologation. les supplements sont encore chez la f i a . nous vous les enverrons le plus tot possible.

salutations
porschesport
barth

⊕
autospor carlo
722406 drpkg d

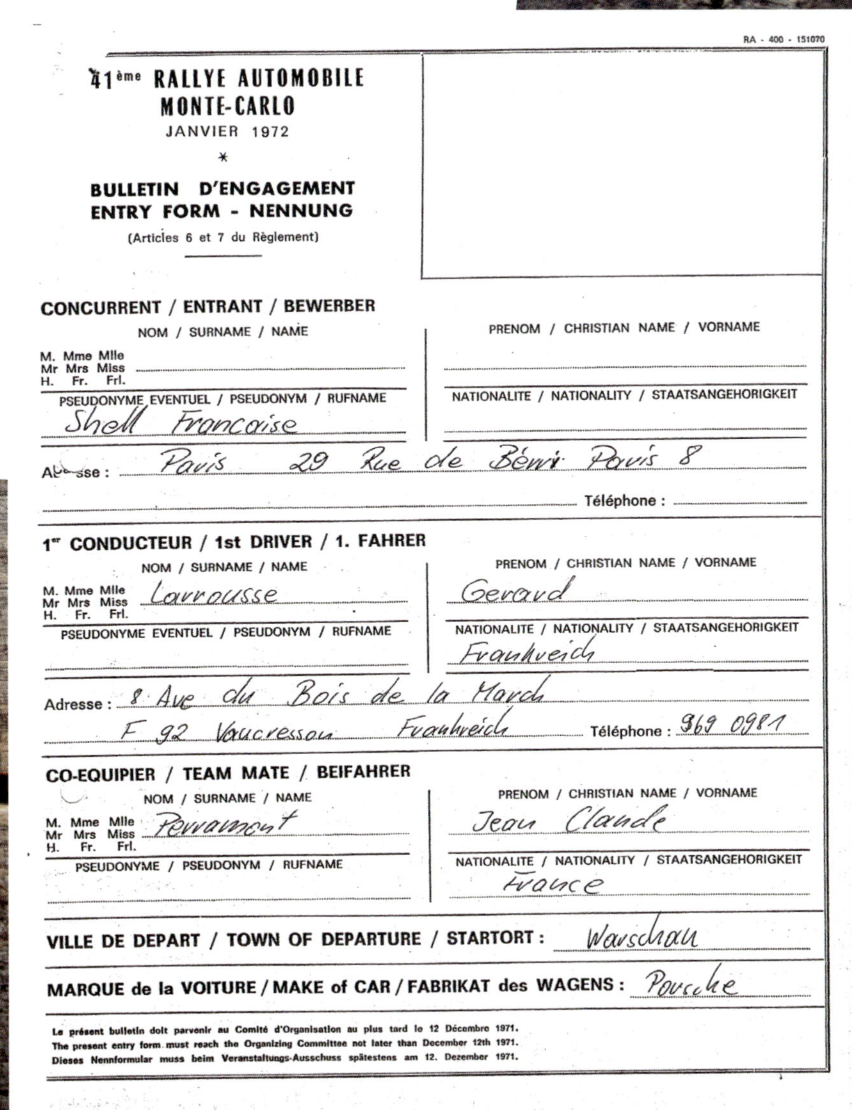

RA - 400 - 151070

41ème RALLYE AUTOMOBILE MONTE-CARLO
JANVIER 1972
*
BULLETIN D'ENGAGEMENT
ENTRY FORM - NENNUNG
(Articles 6 et 7 du Règlement)

CONCURRENT / ENTRANT / BEWERBER

NOM / SURNAME / NAME — PRENOM / CHRISTIAN NAME / VORNAME
M. Mme Mlle / Mr Mrs Miss / H. Fr. Frl.
PSEUDONYME EVENTUEL / PSEUDONYM / RUFNAME: Shell Francoise — NATIONALITE / NATIONALITY / STAATSANGEHORIGKEIT:
Adresse: Paris 29 Rue de Berri Paris 8
Téléphone:

1er CONDUCTEUR / 1st DRIVER / 1. FAHRER

NOM / SURNAME / NAME: Larrousse — PRENOM / CHRISTIAN NAME / VORNAME: Gerard
M. Mme Mlle / Mr Mrs Miss / H. Fr. Frl.
PSEUDONYME EVENTUEL / PSEUDONYM / RUFNAME: — NATIONALITE / NATIONALITY / STAATSANGEHORIGKEIT: Frankreich
Adresse: 8 Ave du Bois de la Marche
F 92 Vaucresson Frankreich Téléphone: 969 0981

CO-EQUIPIER / TEAM MATE / BEIFAHRER

NOM / SURNAME / NAME: Perramont — PRENOM / CHRISTIAN NAME / VORNAME: Jean Claude
M. Mme Mlle / Mr Mrs Miss / H. Fr. Frl.
PSEUDONYME / PSEUDONYM / RUFNAME: — NATIONALITE / NATIONALITY / STAATSANGEHORIGKEIT: France

VILLE DE DEPART / TOWN OF DEPARTURE / STARTORT: Warschau

MARQUE de la VOITURE / MAKE of CAR / FABRIKAT des WAGENS: Porsche

Le présent bulletin doit parvenir au Comité d'Organisation au plus tard le 12 Décembre 1971.
The present entry form must reach the Organizing Committee not later than December 12th 1971.
Dieses Nennformular muss beim Veranstaltungs-Ausschuss spätestens am 12. Dezember 1971.

Im Porsche-Archiv gefunden: Der erste Entwurf für die Lackierung des 911 S/T mit den Motiven der Dampfkochtopf-Firma SEB – den Sponsor hatte Gérard Larrousse gefunden.

6
SEB

Die Spezialisten des Versuchs montierten den neu entwickelten Einspritzmotor mit 2.492 cm³ Hubraum und 265 PS bei 7.800/min. Das Nenndrehmoment von 27 mkg – rund 270 Nm – lag bei 6.200/min an. Der Hub war gegenüber dem Serien-Sechszylinder unverändert geblieben, die Bohrung von 84 mm auf 86.7 mm vergrößert worden. Die Maschine mit der Typbezeichnung 911/70 war mit 10,3:1 deutlich höher verdichtet als die Serienmotoren, die zwischen 7,5:1 und 8,5:1 lagen. Die geschmiedeten Kolben liefen in Nikasil-beschichteten Zylindern.

Die Motorkomponenten stammten dabei überwiegend aus der Serienfertigung und waren speziell ausgesucht. Allerdings ersetzten die Versuchsingenieure den Sechszylinder für den Einsatz des Elfers bei der Rallye Monte Carlo offensichtlich durch eine weiterentwickelte Version mit der Nummer 662 2003: Diese Nummer gab Porsche jedenfalls bei der Anmeldung zur Rallye Monte Carlo 1972 an. Die 662-Motoren wurden bei späteren 911 S/T 1972 eingesetzt und dienten auch als Grundlage für 2,7-Liter-Triebwerke des ST-Nachfolgers 911 Carrera RS 2.7.

Ein zweiter Ölkühler sollte den thermischen Haushalt entlasten. Die Verbindung vom rechten zum linken Ölkühler erfolgte durch ummantelte Schläuche im Kofferraum. Bei eventuellen Beschädigungen konnte wahlweise der linke oder der rechte Ölkühler umgangen werden. Der Öltank war nach unten verlängert und fasste rund zwei Liter mehr Inhalt. Der speziell angefertigte Dreifachauspuff hatte drei Ausgänge und konnte zwischen Einzelrohr für die Straße und Doppelrohr umgesteckt werden.

Zur Kraftübertragung setzte Porsche das Einsatz- und Trainingsgetriebe 915/05 mit Ölpumpe ein. Die Abstufungen waren:

Übersetzung	Vmax (8.000 Umdrehungen)
I = 11:35	57 km/h
II = 17:35	86 km/h
III = 21:31	123 km/h
IV = 24:28	155 km/h
V = 26:25	195 km/h

Kegel-Tellerrad 7:37, Sperre 40 %

Einschließlich aller Sonderausstattungen brachte der 911 S/T von Gérard Larrousse 1.052 Kilogramm auf die Waage. Abzüglich der Extras ergab sich ein Gewicht von 934,5 Kilogramm. Damit lag der Wagen um 25,5 Kilogramm unter dem Homologationsgewicht von 960 Kilogramm. Das Gewicht war so verteilt, dass auf der Vorderachse 447 Kilogramm oder 42,5 Prozent lasteten, auf der Hinterachse 606 Kilogramm entsprechend 57,5 Prozent.

Nach langem
Monte Carlo die K
Ren

Die lange gehegte Sorge, eine mögliche Wiederholung des Vorjahrssieges bei der Rallye Monte Carlo 1972 könnte mangels attraktiver Konkurrenz nicht spektakulär genug ausfallen, ist man bei Alpine Renault glücklich los. Dafür gilt nach Nennungsschluß für die 41. Monte die Besorgnis der Stärke plötzlich aus dem Boden gewachsener Widersacher. Neben fünf Alpine-Werkswagen mit den Piloten Ove Andersson (Vorjahrssieger), Nicolas, Darniche, Therier und Andruet melden auch Waldegaard und Larrousse mit „privaten" Porsche 911 S sowie Makinen und Piot mit bärenstarken Ford Escort BDA ernstzunehmende Ansprüche auf den Sieg an.
Die gemeinsam verfolgte Linie bei Alpine, Porsche und Ford

heißt Aufrüsten. Rena
mühte sich, zu letzter
500 Motoren von 16
Hubraum zu homologie
den 720 kg schweren
über das erlaubte Au
auf 1800 ccm zu rund 1
her 160) PS zu ve
Zahlreiche Erfolge (Si
TAP-Rallye, Rallye Ger
pe des Alpes) als Pro
legten den 1800 S als
wagen für die Rallye
Carlo nahe. Auch Porsc
vom vergrößerten Hu
Die 2,5 Liter-Maschine
falls im Dezember h
giert), die mit 270 PS L
schon während der
Monte Carlo 1971 im E
wagen klaglos 12 000 k
ter überstanden hatte,
aus dem 911 S für de
maligen Montesieger
gaard ein Instrumen

legten die Favoriten der 41. Rallye
en Tisch. Die Vorjahrssieger Alpine
nd Porsche haben aufgerüstet und
ein vielversprechendes Starterfeld.

ckhaltende Schwede
als ideal für seine Vor-
en bezeichnet. Da-
e wenig gefehlt und
ard wäre bei der
2 überhaupt nicht ge-
chriftlich hatte er sich
ei BMW erkundigt, ob
nt in München einen
parat hätte. Doch
llye-Chef Helmut Bein
einen Star – oder
hn aus finanziellen
nicht haben. So ka-
letzten Moment Ver-
en zum Tragen, die
Waldegaard, Lar-
Porsche, und vor al-
ell angebahnt wur-
Team Shell France
die beiden 911 S in
u, von der französi-
nd der deutschen
ganisation kamen die
denden finanziellen

Beiträge für das 250 000 Mark-Projekt. Bei Porsche stuft man die Betreuung durch den Werksservice halboffiziell zwischen „mit dem Handköfferchen" und „praktisch in gleichem Umfang wie im Vorjahr" ein. Ein Pokerspiel betrieb auch Ford, ehe Rallyeprofessor Stuart Turner anläßlich der Englandrallye den lange gehegten Plan aus dem Sack ließ, zur Monte Renn-Escorts zu entsenden. Aus den zunächst kolportierten 220 PS Leistung wurden indessen der Haltbarkeit wegen 200 Pferdestärken, statt ursprünglich drei werden nur zwei der 850 kg schweren Escorts an den Start geschickt.

Zwischen drei und vier Wochen Training nötigt die Rallye Monte Carlo selbst so routinierten Paaren wie Waldegaard/Helmer oder Makinen/Porter ab. Der Schwede und der Finne trafen sich in der Vorweihnachtszeit einträchtig zum ersten Trainingsabschnitt, der Nagelprobe mit Hilfe der Dunlop-Spezialisten, die beider Wagen besohlen. Weil zu dieser Jahreszeit in Uriage, 20 Kilometer südöstlich von Grenoble, kein Badegast versprochene Linderung von Frauenleiden oder Rheumatismus sucht und auch auf den wenige hundert Höhenmeter darüberliegenden Olympiaskihängen der Chamrousse die Saison noch nicht begonnen hatte, standen dabei die Verkehrswege fast zur ausschließlichen Verfügung der Rallyeprofis. Probieren geht bei solcher Gelegenheit meist über studieren. Schmale Schneereifen auf Diagonalbasis brachten (nur für derlei Extremverhältnisse) bessere Ergebnisse als neuentwickelte Gürtelreifen, pyramidenförmige Dreikantspikes ergaben auf Eis bessere Traktion als runde Kegelspikes. Danach sortierte Dunlop-Einsatzleiter Gerhard Weber sein Lager von 1000 verfügbaren Reifen in fünf Sorten: Neben puren Rennreifen für die Sonderprüfungen (Mischung 350 oder etwas weicher) stehen Racing mit einem dünnen Kranz von Spikes an den Schultern zur Verfügung, dazu Snow Diagonal-Reifen (die einen besseren Selbstreinigungseffekt zeigen als Radialpneus) mit 450 und Super Snow-Reifen mit 500 Nägeln. Last not least und für nicht weniger als 70 Prozent der gesamten Rallyestrecke aber sind serienmäßige M&S-Eisreifen vorgesehen.

Bei Alpine testete man im Gegensatz zu den Dunlop-Partnern Ford, Datsun und Porsche fünf verschiedene Reifenfabrikate und wird bei der Monte mit größter Sicherheit auf Michelin-Pneus aufkreuzen; Pirelli ist nach Verzicht von Saab auf einen Werkseinsatz beim Lancia-Werksteam im Reifengeschäft.

Über 200 Nennungen wurden für die 41. Rallye Monte Carlo abgegeben, zu der die Teilnehmer in Almeria, Athen, Hanau, Glasgow, Lissabon, Marrakesch, Monte Carlo, Oslo, Reims und Warschau starten. Mehr als ein Viertel der Meldungen kommt von deutschen Privatfahrern, deren Aufwand der erstmals teilnehmende deutsche Bergmeister Dieter Kern umreißt: „Ohne den Wagen zu rechnen bleibt von 15 000 Mark nicht viel übrig. Allein das Mindestmaß von 40 Felgen kommt für unsere Alpine Renault 1600 S auf rund 5000 Mark." Verglichen mit dem bescheidenen Preis selbst für den Sieger (rund 8000 Mark) bietet die Monte Privatfahrern neben Spaß an der Freud' nur eine Sicherheit: die des finanziellen Verlustes. *hl*

Quertreiber

Neben der Suche nach dem besten Kompromiß von Reifen und Spikes (unten rechts) blieb Timo Makinen und Björn Waldegaard beim Monte Carlo-Training ausreichend Gelegenheit zu hautnahem Driften auf Eis und Schnee.

FOTOS: SEUFERT

auto, motor und sport berichtete über das Training zur 41. Rallye Monte Carlo und den neuen Porsche 911 S/T.

auto, motor und sport reported on the training sessions for the 41st Monte Carlo Rally and the new Porsche 911 S/T.

Gdynia
Olsztyn
Białystok
Posen
Warschau
Breslau
Schweinfurt
Regensburg
Brünn
Straßburg
Linz
Wien
Altkirch
Morteau
Saint-Claude
Vassieux-en-Vercors
Gap
Laborel
Col de Châteauneuf
Castellane
Monaco

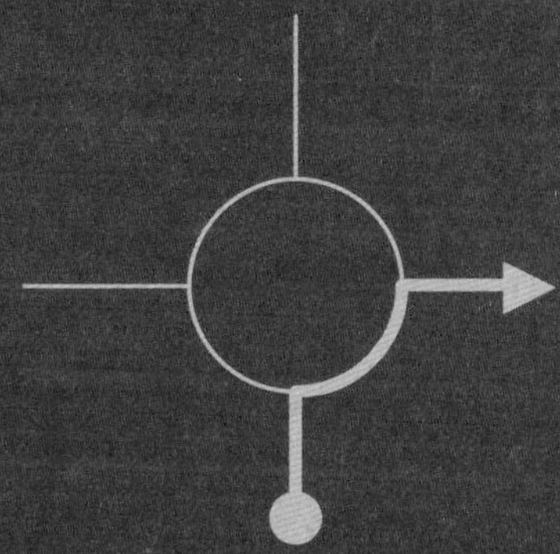

RALLYE MONTE CARLO 1972

Nicht wirklich der direkte Weg: Die Anreise von Warschau nach Monte-Carlo führte durch fünf Länder und über 3.450 Kilometer unter Ausschluss der DDR nach Monaco.

Not the most direct route: The journey from Warsaw to Monte Carlo passed through five countries, skirting East Germany, and covered 3,450 kilometers before reaching Monaco.

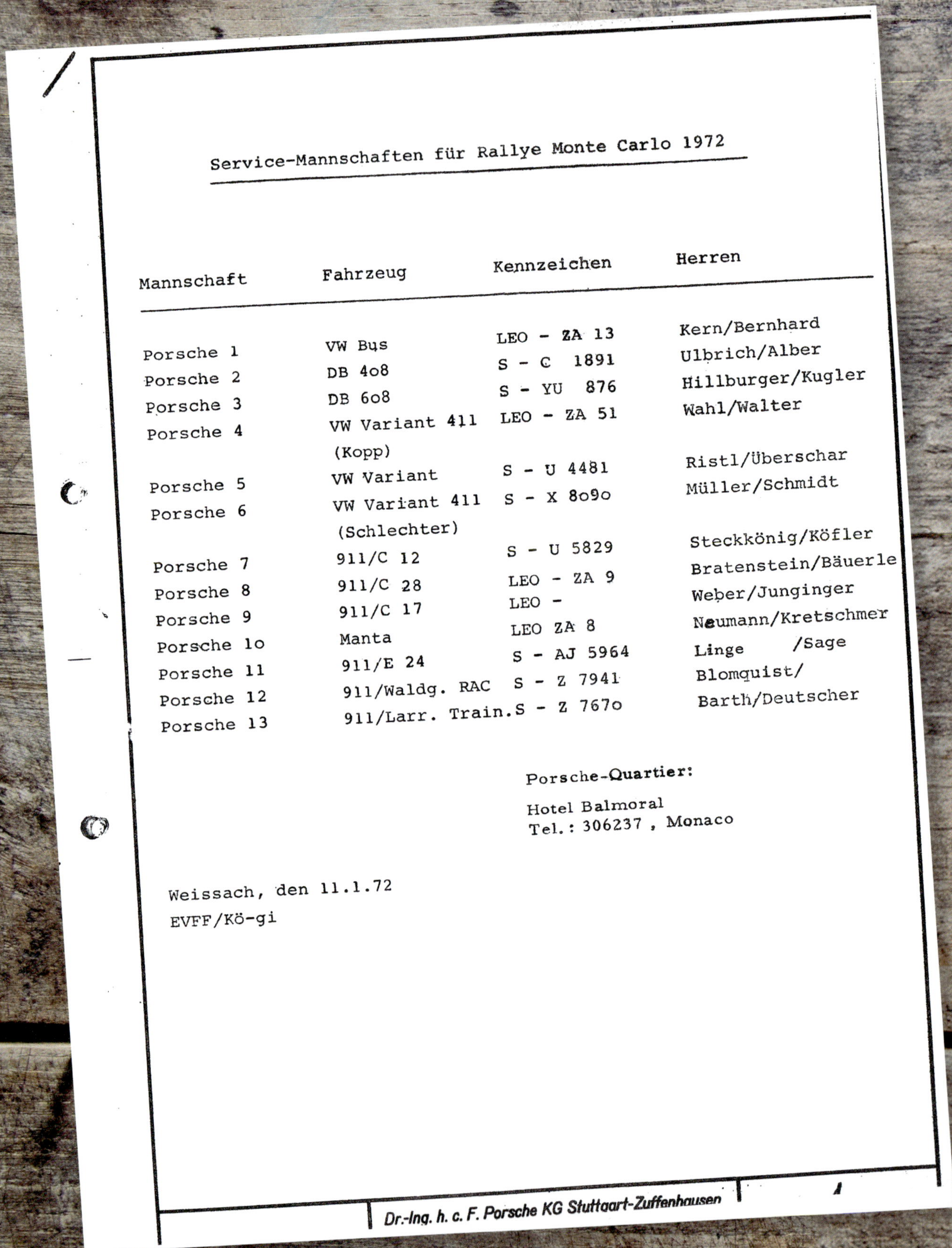

Service-Mannschaften für Rallye Monte Carlo 1972

Mannschaft	Fahrzeug	Kennzeichen	Herren
Porsche 1	VW Bus	LEO - ZA 13	Kern/Bernhard
Porsche 2	DB 4o8	S - C 1891	Ulbrich/Alber
Porsche 3	DB 6o8	S - YU 876	Hillburger/Kugler
Porsche 4	VW Variant 411 (Kopp)	LEO - ZA 51	Wahl/Walter
Porsche 5	VW Variant	S - U 4481	Ristl/Überschar
Porsche 6	VW Variant 411 (Schlechter)	S - X 8o9o	Müller/Schmidt
Porsche 7	911/C 12	S - U 5829	Steckkönig/Köfler
Porsche 8	911/C 28	LEO - ZA 9	Bratenstein/Bäuerle
Porsche 9	911/C 17	LEO -	Weber/Junginger
Porsche 1o	Manta	LEO ZA 8	Neumann/Kretschmer
Porsche 11	911/E 24	S - AJ 5964	Linge /Sage
Porsche 12	911/Waldg. RAC	S - Z 7941	Blomquist/
Porsche 13	911/Larr. Train.	S - Z 767o	Barth/Deutscher

Porsche-Quartier:

Hotel Balmoral
Tel.: 306237 , Monaco

Weissach, den 11.1.72
EVFF/Kö-gi

Dr.-Ing. h. c. F. Porsche KG Stuttgart-Zuffenhausen

Hausmitteilung Porsche

Gesamtlänge : ca.5700 km über 7 Tage mit 15 Wertungsprüfungen

Anfahrt : Warschau – Monte Carlo ca. 3450 km

Länge der 1. Etappe : ca. 1554 km davon 8 WPs mit 278 km Wertungsprüfungen

Länge der 2. Etappe : ca.692 km davon 7 WPs mit 153 km Wertungsprüfungen

Service Mannschaft : 13 Service Wagen mit je 2 Mann Besatzung

Porsche Hauptquartier : Hotel Balmoral (Monaco)

<u>Reifendrücke</u>:

Wenn eine Mannschaft ihren Service-Punkt erreicht hat, sind alle dort vorgesehenen Reifen auszuladen, **auf den** richtigen Reifendruck zu bringen und zu kennzeichnen **(vorne** oder **hinten).** Dies gilt auch, wenn der Service-Punkt **zusammen** mit Dunlop bedient wird.

1. Racing 5,oo/7,5o-15 CR 82 in "356" auf 7" 1,6 atü (vorne)

   Racing 4,75/1o,oo-15 CR 65 in "356" auf 8" 2,o atü (hinten)

2. 32/96 Spikes Racing 5,oo M 15 CR 65 in "35o" mit Spikes auf 7"
   1,7 atü (vorne)
   1,o mm Überstand
   56/11o Spikes Racing 4,75/1o,oo-15 CR 65 in "35o" mit Spikes auf
   8" 2,o atü (hinten)

3. (nur Anfahrt)!
   185 SR 15 SP Weather master MSE auf 6" 2,o/2,3 atü (vorne/hinten)
   1,5 mm Überstand,168 Spikes
   185/7o SR 15 SP Weather master MSE auf 6" 2,o/2,3 atü (vorne/hinten)

4. (21o Spikes)
   Snow 6,oo-15L Serienspikes 5o% auf 5 1/2" 2,o/2,3 atü (vorne/hinten)
   1,o-1,5 mm Überstand

5. (42o Spikes) Snow 6,oo-15 L Serienspikes voll auf 5 1/2"
   2,o/2,3 atü (vorn/hinten)

6. 48o Spikes Snow 165 S 15 Sandvik Pyramide voll auf 5 1/2"
   2,o/2,3 atü (vorne/hinten)
   3,5-4,o mm Überstand

Start in Warschau: Bei schlechtem Wetter begann für die beiden 911 S/T und einen privaten Elfer das Monte Carlo-Abenteuer.

The race start in Warsaw: Weather conditions were poor as the Monte Carlo adventure began for the two 911 S/Ts and a private 911.

MONTE CARLO - INSIDE-BERICHT

Warschau-Anfahrt

Kontrolle Schweinfurt, 23.1.72

Beide 911 S sind okay, bis auf den Tachowellenantrieb (am Getriebegehäuse) der bei beiden 911 defekt ist (!), d.h. der Geschw.-Anzeiger und der Twinmaster sind ausgefallen.

Beim B.W.-Auto sperrt der 2. Gang am Sitz (Wurde repariert)

Vordere Dämpfer schalgen durch. Die Abblendlichter sollen zum Fernlicht dazu geschaltet werden. Öl an Umlenkhebel f.Gasgestänge.

Kein Schnee, schönes Wetter

Castellane Po 3/Po 5/P7/Po 13

Soll-Ankunftszeit des ersten Fahrzeugs: Montag 24.1.72 09⁰⁷ Uhr.

Reifenwechsel wenn erforderlich.

2. Ersatzrad raus

Ölkanister raus und Pannenkoffer raus

Reservebenzinkanister auffüllen, Ölkontrolle, Scheibenwasser

Schaufeln und Ketten heraus

Sitze wechseln und Befestigungen kontrollieren

Scheinwerfer abdecken(wenn hell).

Kontrolle Castellane, 24.1.72, 9.oo Uhr
Keine Probleme - Leichte Müdigkeitserscheinungen bei den Teams.
Möchten unbedingt alle Stossdämpfer gewechselt haben.
B.W. = Vordere Stossdämpfer gew.
G.L. = Hintere Stossdämpfer gew.

<u>Pont Charles Albert</u> Du 1/Po 1/Po 4/Po 6/Po 8/Po 9/Po 11

Soll-Ankunftszeit des ersten Fahrzeugs: Montag 24.1.72 ca. 1o^{45} Uhr
1o 185/7o SR 15 WM
4/4 Racing +
8 Snow 5o% Reifen für Pd. d. Midans
8 Snow Serie voll
8 Super Snow voll

8 Kanister Benzin bereitstellen (volltanken)
Reserveräder tauschen (185 /7o SR 15 Weather master hinein)
Reifen für 1. Sonderprüfung (Pd. d. Midans) montieren.
Fahrzeug checken (Elektrik, Rückspiegel, Spritzlappen, Rallye-schilder, Scheibenwasser).

<u>Parc Fermé</u> Po 13/Po 12/STaudenmaier

Soll-Ankunftszeit des ersten Fahrzeugs: Montag 24.1.72 12^{08} Uhr.

<u>Parc Fermé</u> Po 13/Po 12/STaudenmaier

Soll-Ankunftszeit des ersten Fahrzeugs: Montag 24.1.72 12^{08} Uhr.

Die eigentliche Rallye begann in Monaco am 25. Januar 1972 , einem Dienstag. Insgesamt 206 Wagen starteten zwischen acht und zwölf Uhr zur ersten Vorentscheidung, der gemeinsamen Schleife „Monaco – Chambery – Monaco“ über rund 1.500 Kilometer Länge. Innerhalb dieser Etappe wurden bis Mittwochmorgen acht Sonderprüfungen ausgetragen. Zur Unterstützung der Teams hatte Porsche 13 Zweiermannschaften zusammengestellt. Sie sollten für einen möglichst lückenlosen Service sorgen.

Die erste Sonderprüfung „Pont de Miolans“ ging über 25,5 Kilometer. Der 911 S/T von Larrousse/Perramond hatte die Startnummer 4. Die beiden vom Werk vorbereiteten Porsche absolvierten diese Prüfung auf trockener Fahrbahn souverän: Waldegård setzte sich mit 17:21 Minuten für die 25,5 Kilometer lange Strecke an die Spitze, Larrousse lag mit 17:30 direkt dahinter.

Auch in der zweiten Sonderprüfung behaupteten die beiden 911 2.5 S/T klar ihre Führungsposition im Gesamtklassement, einmal mehr auf Rennreifen mit geringer Spike-Bestückung. Gérard Larrousse markierte erneut mit 13:21 Minuten die zweitbeste Zeit, nur 19 Sekunden hinter Waldegård. Die Gesamtzeit für den Wagen mit der Startnummer 4 lag bei 30:51 Minuten, 18 Sekunden hinter dem führenden Waldegård und neun Sekunden vor dem Drittplatzierten Sandro Munari auf Lancia Fulvia HF.

Bei der dritten Sonderprüfung „Le Moulinon – Antraiguse“ mit 38 Kilometern Länge ergaben sich gravierende Verschiebungen im Gesamtklassement. Vor der Sonderprüfung wurden Racingreifen aufgezogen, da diese Sonderprüfung zunächst trocken war. Während Gérard Larrousse mit dem 911 S/T unterwegs war brach jedoch ein Schneesturm los, der es unmöglich machte, mit den Racingreifen in der vorgesehenen Zeit Burzet zu erreichen. Er kassierte deshalb 10 Strafminuten. Er rutschte mit der zehnbesten Zeit und 36 Sekunden Rückstand auf den führenden Munari zurück auf Gesamtplatz 3. „Larrousse hat wahrscheinlich verkehrt bereift“, protokolliert der Inside-Bericht von Porsche. Der Franzose hatte auf Weathermaster-Reifen von Dunlop gesetzt und damit viel Traktion eingebüßt. Doch es kommt noch heftiger: „Bei Larrousse wird vermutet, dass er mindestens 30 Sekunden Strafzeit bekommt, weil er seine Stempelkarte oder vielleicht sogar sein komplettes Bordbuch verloren hat. Letzteres würde den Ausschluss bedeuten!!!“, so die Notiz der Porsche-Mechaniker in Burzet.

Von Burzet aus startete die vierte Sonderprüfung über 45 Kilometer. Larrousse ließ seinen 911 S/T mit M+S-Reifen ausrüsten. Auf der schneeglatten Fahrbahn flog er von der Strecke, was ihn wertvolle Zeit kostete und weiter zurückwarf. Larrousse wurde Opfer der „abrupt einsetzenden extremen Wetterverschlechterung“, so der AvD in seinem Pressedienst.

„Ich wollte die Rallye Monte Carlo mit einem 911 fahren – und half Porsche, mit der Hilfe eines Sponsors JA zu sagen“

Gérard Larrousse

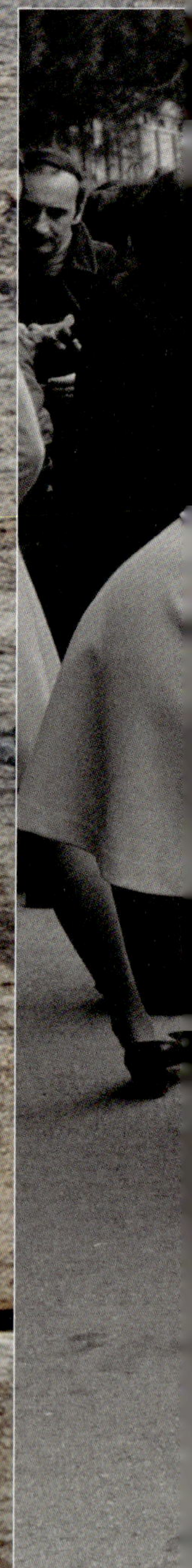

Siegesgewiss stellte sich der 911 S/T mit dem ungewöhnlichen Sponsor in Warschau an den Start.

Confident of victory, the 911 S/T lined up at the start in Warsaw bearing the insignia of its unusual sponsor.

Fahrer-Details aus der 1. Schleife

1. SP: Alles i.O.

2. SP: Col de Pertie, beide Teams sehr nervös
Fahren Racing

3. SP: Bei B.W. 4 Reifen in 2.15 Minuten gew.
Bei G.L. 4 Reifen in 1.5o Minuten gew.
Vorhandene Zeit sehr knapp

4. SP: B.W. sehr gute Verfassung
G.L. hat Auto angeschlagen
(Burzet innerhalb 5 Min. feste Schneedecke!!)

5. SP: Beide lustig, mehr Galgenhumor
Reifen gew. + Stossdämpfer bei B.W.

6. SP: Chatreuse - Stimmung unverändert
Fahrer haben Sorgen wegen den abgebrochenen Spikes
(Bei den Spikes bricht jeweils die Krone ab!)

7. SP: Unverändert

8. SP: B.W. "etwas zu schnell"
hat gew. von Snow 1oo% auf Racing-Spikes, dadurch verändertes Fahrverhalten, von welchem er überrascht wurde, da gewöhnung durch lange Fahrt mit Snow an Spikes-Reifen!!

G.L.: Grund des Rückstandes: Mehrfach mit der Wahl der Reifen verkalkuliert + die Spikes-Probleme
Probleme mit den Spikes wahrscheinlich wegen vielfachen Lastwechsel des drehmomentstarken 911 S, 2.5 Liter

Vor dem Hotel Balmoral wurden von P.-Servicewagen 5 Reifen gestohlen (Wahl) + Zusatzlampen demontiert (Überschar)

Anruf 12.oo Uhr - Bratenstein
In Digne beide vorderen Stossdämpfer bei Larrousse gewechselt, sonst alles i.O.

Auf nur leicht verschneiten Straßen war Gérard Larrousse in seinem Element – Larrousse: „Leicht, agil und mit ausreichend PS versehen war der 911 S/T das wahrscheinlich beste Rallye-Fahrzeug seiner Zeit."

Gérard Larrousse was in his element on the lightly snow-covered roads, declaring the "light, agile and sufficiently powerful 911 S/T" to be "probably the best rally car of its time."

RALLYE MONTE-CARLO
S-AK 1336

Wer es kann, der kann es – Gérard Larrousse und sein Beifahrer Jean-Claude Perramond im Drift auf dem Weg nach Monte Carlo.

If you've got what it takes, you'll succeed – Gérard Larrousse and his co-driver Jean-Claude Perramond execute a drifting maneuver on their way to Monte Carlo.

19.25 Uhr, Anruf von Jürgen
Larrousse ist Le Moulinon mit Weathermaster + Waldegaard mit
Racing-Spikes gefahren.
!!Björn hat in der SP 3 Reifenschaden + beschäfigt Karosserie
vorne links!!
Larrousse hat wahrscheinlich verkehrt bereift + verliert viel
Zeit in der SP 3

Mit Bilstein-Stoßdämpfern durch die See-Alpen – regelmäßiger Service war Pflicht.

Bilstein shock absorbers were used on the journey through the Maritime Alps – regular servicing was essential.

Bei Larrousse wird vermutet, dass er mind. 3o Sekunden Strafzeit bekommt, weil er seine Stempelkarte oder vielleicht sogar sein komplettes Bordbuch verloren hat. Letzteres würde den Ausschluss bedeuten!!!

Anruf 21.25 Uhr - Schmid
Fahren nach dem Anruf in Le Moulinon weg. Waldegaard + Larrousse sind gut durch, allerdings hat Larrousse den hinteren Kotflügel + Stosstange leicht beschädigt.
Serviceteam fährt weiter nach St. Sechilienne

Anruf 23.oo Uhr - Barth
Meldung aus St.Laurent - Beide 911er sind in St.Jean en Royans durc
Beide hintere Stossdämpfer bei B.W. sind in St.Jean en Royans gewechselt worden
Larrousse-Wagen ist rundherum angeboxt, anscheind aber ohne mechanische Beschädigungen

Von 22.3o bis 23.15 Uhr mit Rainer Braun sämtliche Zeiten der ersten 2o Teams nachgerechnet + festgestellt das Radio Monte Carlo laufend falsche Zeiten durchgegeben hat.
Nach Durchrechnung aller - auch zum xtenmal korrigierten Zeiten - Z.-Klassement der ersten 13 plazierten Teams erstellt + aufeinander abgestimmt (Ohne Strafpunkte a.d. Strecke zu berücksichtigen

Porsche Protokoll um 23 Uhr: „Larrousse-Wagen ist rundherum angeboxt, anscheinend aber ohne mechanische Beschädigung."

Porsche report, 11 p.m.: "Larrousse's car is covered in dents, but there doesn't seem to be any mechanical damage."

Bei der Sonderprüfung „Rouaine“ spielte Gérard Larrousse auf trockener Straße die fahrdynamische Überlegenheit seines 911 2.5 S/T voll aus und markierte trotz seines beschädigten Fahrzeugs mit 31:53 Minuten die Bestzeit vor der Armada der Renault Alpine. Für Björn Waldegård kam jedoch kurz nach dem Start zur letzten Sonderprüfung das Aus. Er touchierte einen Felsen, demolierte Reifen und Karosserie. Zwar konnte er den Porsche aus eigener Kraft wieder flott machen, benötigte jedoch allein für diese Sonderprüfung fast eineinhalb Stunden.

34 Wagen starteten am Abend des 27. Januar schließlich zum nächtlichen Finale rund um den Col de Turini mit insgesamt sieben Sonderprüfungen. Larrousse konnte im einzig verbliebenen 911 2.5 S/T des inoffiziellen Werksteams seinen Rückstand in der ersten Prüfung als Schnellster mit 20 Sekunden Vorsprung auf Gesamtplatz Fünf verringern. In der folgenden Nacht verfolgten die Zuschauer bei Schnee und Eis ein reihenweises Favoritensterben: Alle vier Alpine des Renault-Werks fielen aus, sodass sich die Italiener Sandro Munari und Mario Mannucci in ihrem Lancia Fulvia plötzlich auf Platz Eins sahen. Durch die Ausfälle in der Nacht konnte sich Larrousse vom fünften auf den zweiten Platz vorschieben. Er fuhr am Limit, sodass das Porsche-Protokoll um 23 Uhr vermerkte: „Larrousse-Wagen ist rundherum angeboxt, anscheinend aber ohne mechanische Beschädigung“. Während in Chambery die Bremsbeläge gewechselt werden gibt Gérard Larrousse ein Interview und nennt das Auto „sehr gut“, er habe lediglich Schwierigkeiten mit den Spikes. Grund sei vermutlich, dass durch das hohe Drehmoment des 2,5-Liter-Motors die Spikes abbrechen. Trotz fünf Minuten Rückstand in Chartreuse mache es ihm immer noch Spaß. Gegenüber dem Zustand beim Training vermuten die Mechaniker einen Leistungszuwachs des 911 S/T um 30 bis 40 PS.

„Auch die letzte Sonderprüfung gewann Larrousse“, bedauerte Porsche in seiner abschließenden Pressemitteilung zur Rallye Monte Carlo, „trotzdem konnte er den führenden Sandro Munari nicht mehr erreichen, da sein Strafminuten-Konto zu groß war, um es mit fahrerischen Mitteln wieder auszugleichen.“ Tatsächlich hätte das Ergebnis ohne den Ausrutscher deutlich knapper ausgesehen: Munari war insgesamt 357,55 Minuten unterwegs gewesen, Larrousse mit 368,45 Minuten – einschließlich Strafminuten. Es wäre um Sekunden gegangen ...

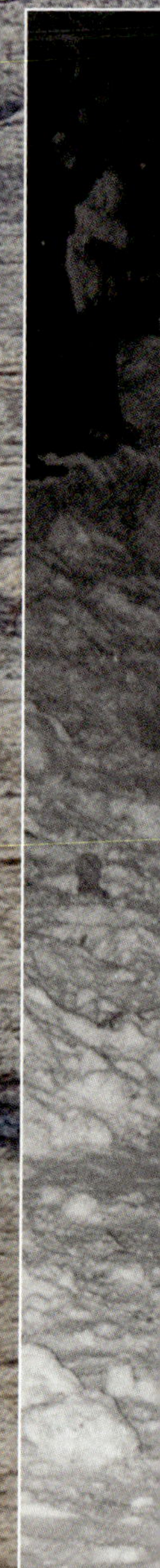

Auf Schnee und Eis wurden an der Hinterachse die schmalen Spikereifen eingesetzt – doch das kräftige Drehmoment ließ die Nägel reihenweise abbrechen.

Facing snow and ice, narrow spiked tires were used on the rear axle, however the powerful torque caused the spikes to break off in whole rows.

Anruf 24.oo Uhr Barth / St. Laurent
Beide EW durch, bereift mit snow 1oo % . Darniche und Fall sollen schon am Start in Mt.Carlo je 2 Strafminuten bekommen haben. Wichtig wäre Ges.Klassement m i t Strafminuten. Aber offizielles darüber ist nicht zu erhalten, ihm das mitgeteilt. Wetter: klar, windstill, kalt, feste Schneedecke. Er fährt weiter nach Sechilienne.

0.45 Uhr Interview über Radio von Larousse: (Chambéry)
Gérard sagt: Auto sehr gut, Schwierigkeiten mit Spikes, trotz ca. 5 min Rückstand in Chartreuse machts ihm immer noch Spaß.
Darniche Strafminuten in Monte wegen Autoschiebens am Start.
lt. Radio Monte Carlo lautet Klassement mit Strafpunkten nach 5 SP so: Munari, Andersson, Andruet, Darniche, Kallström, Waldegaard.

Anruf 1.07 Uhr Barth / Sechilienne
gerade eingetroffen. Hat Interview mitgehört: Spikes reißen ab. Drehmoment... P 6 Schmidt noch nicht gefunden. Meldung Schmidt von 23.5o mitgeteilt.

Anruf 1.4o Uhr - Barth
Meldet von unterwegs, auf dem Weg nach Gap
Teilt mit, dass die Spikes bei den EW abbrechen, wahrscheinlich zurückzuführen auf das unwahrscheinliche Drehmoment des 2.5 liter
Nur bei unseren EW würden die stärker bespikten Reifen sehr stark durchdrehen + dadurch die Spikes überbelasten?
Gegenüber Training hat der EW ca. 3o-4o PS mehr Leistung!?!
Munari fährt mit neuen, sehr guten Pirelli
Makinen mit engl. Dunlop/Snow + ganz speziellen Spikes (Kronenmst.
Beide EW sind technisch im Topzustand, auch die Fahrer!!

B.W. fuhr die 7. SP mit Snow 1oo % + Pyramidenspikes, G.L!
ebenfalls Snow 1oo %, allerdings mit Serienspikes
G.L. hat verkehrt (?) gewählt, da die Prüfung sehr viel Eis
hatte + die kurzen Spikes nicht ideal waren
Pt.de Miolans ist trocken
Höchstwahrscheinlich hat G.L. 3 S-Minuten von Le Moulinon +
eine halbe S-Minute wegen verlorener Stempelkarte

Anruf 9.25 Uhr - Staudenmaier
Standort Pt. de Miolans Teilt mit das G.L. durch ist + wahrscheinlich zweitschnellste Zeit gefahren hat
B.W. ist ca. 1oo m nach der Prüfung rausgeflogen. Das Team versucht zu reparieren
Laut Staudi seit 1o Minuten überfällig!!!!!

Anruf 9.4o Uhr - Staudenmaier
B.W. ist durch die SP, hat aber viel Zeit verloren (3o Min??)
Für Pt. Charles Albert sollen folgende Teile bereitgelegt werden:
Federbein rechts, Racing vorn, Hammer für Kotflügel

Versuche ab 9.5o Uhr den Servicepunkt Pt.Charles Albert telefonisch zu erreichen. Leider liegt kein Anruf + keine Telefon-Nummer des dortigen Servicepunktes vor!!!!

Polizeidienststelle Plan du Var angerufen 9.50 Uhr. Von dort Nachricht über Funk an Polizeikrad an Pont Charles Albert geben lassen, damit dort Ersatzteile für B.W. bereitgelegt werden. Polizeichef möchte gern 1 Satz Spikes dafür. B.W. noch nicht angekommen.

B.W. hat aufgegeben + trudelt im Ziel ein
G.L. fährt in der 8 SP Bestzeit

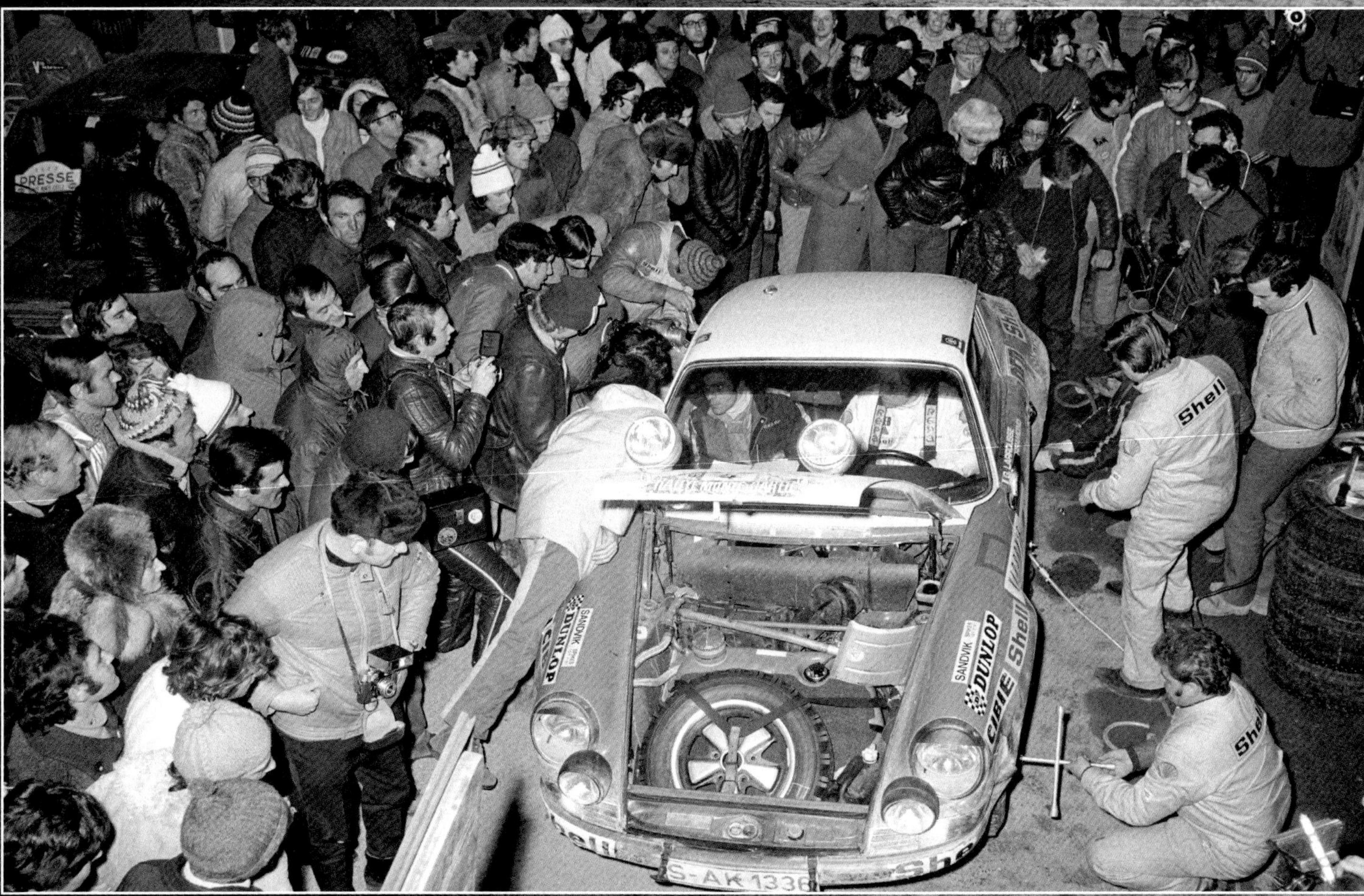

Stets von Fans belagert: Der 911 S/T beim Reifenwechsel – die stetig wechselnden Wetterverhältnisse machten dem Team zu schaffen.

Constantly besieged by fans: The 911 S/T undergoes a change of tires – the ever-changing weather conditions made life difficult for the team.

„Das Auto ist sehr gut – nur brechen die Spikes reihenweise ab. Wir haben zu viel Drehmoment."

Gérard Larrousse

Einer der schnellsten Rallye-Fahrer seiner Zeit: Der Franzose Gérard Larrousse.

One of the fastest rally drivers of his day: Frenchman Gérard Larrousse.

Und jetzt stellen wir uns noch den Sound des Boxermotors mit einem offenen Auspuff dazu vor.

Here, it's not hard to imagine the sound of the boxer engine with open exhaust.

Shell
DUNLOP
SER

Anruf 18.1o Uhr - Schmid
Peille, der Dunlop-Bus ist noch nicht da
Versucht in 3o Min. zurück zu sein, bzw. uns nocheinmal anzurufen, für evtl Neuigkeiten

Anruf 18.3o Uhr - Barth - St.Sauveur
Dunlop fehlt in Puget Th. + Peille + St.Sauveur
Empfiehlt Snow 5o%
Tel. o2 ooo3 St.Sauveur (Alber)

Anruf 18.4o Uhr - Schmid - Peille
Dunlop-Bus fehlt. In 4o Min. kommt der erste Wagen!

Hotel Hermitage angerufen (Dunlop-Zentrale), nachdem bereits vorher mündlich mit Bohlender gesprochen. Niemand da, ausser jemand der nicht durchblickt.
Bohlender sucht Weber. Dunlop-Busse fehlen immer noch in den genannten drei Orten

Anruf 19.45 Uhr - Schmid - Peille
Ruft an, dass G.L. mit Racing weiter gefahren ist. Alpine dagegen mit Voll-Pyramiden-Spikes
Dunlop war nicht da (vielleicht nicht vorgesehen?)

Anruf 2o.oo Uhr - Frau Bock - Puget Thenier
Dunlop-Wagen ist angekommen. Strassen trocken

Endstand der 41. Rallye Monte Carlo

		Stunden
1. Sandro Munari/Mario Mannucci	Lancia Fulvia HF	5:57:55,4
2. Gerard Larrousse/J.-C. Perramond	Porsche 911 S	6:08:45,4
3. Rauno Aaltonen/Jean Todt	Datsun 240 Z	6:12:35,4
4. Simo Lampinen/Solve Andersson	Lancia Fulvia HF	6:20:04,4
5. Jean-Francois Piot/Jim Porter	Ford Escort RS	6:26:23,2
6. Sergio Barbasio/Piero Sodano	Lancia Fulvia HF	6:34:17,4
7. Robert Neyret/Jacques Terramorsi	Alpine Renault A 110	6:34:53,4
8. Raffaele Pinto/Helmut Eisendle	Fiat 124 Spider	6:42:17,4
9. Jean Ragnotti/Pierre Thimonier	Opel Ascona 1900	6:44:10,1
10. Pat Moss-Carlsson/L. Crellin	Alpine Renault A 110	6:53:08,4

Das Ende einer außergewöhnlichen Rallye Monte Carlo: Der 911 S/T steht vor dem Schloss in Monaco und das Team holte sich die Pokale bei Prinz Rainier und Grace Kelly ab.

The crowning moment of an extraordinary Monte Carlo Rally: The 911 S/T draws up in front of the royal palace in Monaco, where the team collected the trophies from Prince Rainier and Grace Kelly.

Von der Rallye gezeichnet – der 911 S/T erholt sich in Stuttgart und wird für neue Aufgaben vorbereitet.

Bearing the scars of the rally, the 911 S/T recovers in Stuttgart in preparation for new challenges.

SEB
DUNLOP
CIBIE
1972
CARLO
336

BOSCH BOSCH BOSCH
rallye racing
NEUER AUTOMOBIL-U.VERKEHRS CLUB
VEEDOL

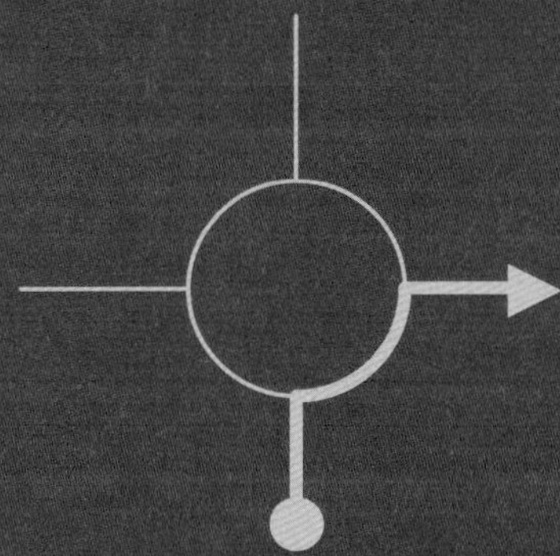

WAS NACH DER MONTE GESCHAH

Der Start zum 1000-Kilometer-Rennen: Zwischen den Ford Capri und BMW-Rennwagen ein rot-weißer 911 – der Ex-Larrousse-Wagen.

The start of the 1000-kilometer race: A red and white 911, formerly the Larrousse car, can be seen among the Ford Capri and BMW racers.

Eine deutsche Autozeitung bat um eine Testfahrt mit dem zweitplatzierten Wagen der Rallye Monte Carlo 1972. Da war der Wagen noch mit M+S-Reifen bestückt. Jürgen Barth zeigte auf dem Hockenheimring seine Fahrkünste.

A German car magazine requested a test drive in the runner-up car from the 1972 Monte Carlo Rally. Hence, the car was still fitted with snow and ice tires. Jürgen Barth demonstrated his driving skills on the Hockenheimring.

DUNLOP
CIBIE
4
AK 1336
Repa

Während heute die Historie eines jeden Werkswagen korrekt aufgezeichnet wird, jeder Besitzerwechsel bekannt und über das Verbleiben der Pretiosen Buch geführt wird, kümmerte man sich früher nicht wirklich um den Verbleib der Fahrzeuge. Dementsprechend mühsam gestaltete sich die Suche nach weiteren Auftritten der 0041. Es fand sich ein Foto der beiden Monte Carlo-Gefährte bei Versuchsfahrten, wo sie interessanterweise bereits den „Entenbürzel“-Heckspoiler des 911 Carrera RS 2.7 tragen, der am 5. Oktober 1972 auf dem Pariser Autosalon Premiere feiern sollte. Wahrscheinlich wurde der Wagen im Sommer 1972 intern für Versuchsfahrten und zur Erprobung neuer Technologien eingesetzt.

Bei Versuchsfahrten erhielten die beiden Rallye Monte Carlo-Fahrzeuge bereits den Entenbürzel des Carrera RS 2.7.

Already during test drives, the two Monte Carlo Rally cars were fitted with the ducktail associated with the Carrera RS 2.7.

Erstaunlicherweise tauchte die 0041 dann am 28. Mai 1972 auf dem Nürburgring auf – unter der Bewerbung des Rennteams von Paul-Ernst Strähle traten Dieter Schmid und Günther Steckkönig beim 1000-Kilometer-Rennen an. Für den Sieg kamen natürlich nur die Ferrari 312PB- und die Alfa-Romeo T33/TT/3-Prototypen mit den Weltklassefahrern Ronnie Peterson, Arturo Merzario oder Brian Redman in Frage – Gérard Larrousse startet übrigens auf einem Lola T290 mit Joakim Bonnier. Doch der 911 S/T der Schwaben schlug sich hervorragend – hinter einem von Kremer präparierten 911 S/T kamen Schmid und Steckkönig auf dem zweiten Rang in der GT-Klasse ins Ziel. Im Gesamtklassement bedeutete das Rang Zehn – der Monte-Carlo-Wagen hatte sich auch auf dem Nürburgring hervorragend geschlagen.

Danach verliert sich die Spur wieder – erst im 25. November 1972 tauchte die 0041 mit Gérard Larrousse am Steuer beim *Criterium des Cévennes* wieder auf. Der S/T hatte sich einige Überarbeitungen gefallen lassen müssen: Der Motor verfügte nun über einen Motor mit 2,8 Liter Hubraum, dazu kamen größere Kotflügel-Verbreiterungen und der „Entenbürzel“-Heckspoiler. Bereits in der ersten Sonderprüfung erwischte Larrousse in einer Kurve einen größeren Stein, der auf der Strecke lag und fiel mit einem Vorderachsschaden aus.

Am 25. November 1972 startete Larrousse mit dem überarbeiteten S/T 0041 mit einem 2,8-Liter-Motor, größeren Kotflügel-Verbreiterungen und dem RS-2.7-Heckspoiler beim Criterium des Cévennes – der letzte Einsatz des Wagens endete mit einem Ausfall.

On November 25, 1972, Larrousse entered the fray at the Criterium des Cévennes with the redesigned S/T 0041 with 2.8-liter engine, larger fender flares, and RS 2.7 rear spoiler. The car's final outing ended with a breakdown.

Danach wurde der Wagen, wahrscheinlich mit einem Serienmotor, verkauft und ging durch verschiedene Besitzerhände – die jedoch kaum wissen konnten, was für ein Stück Geschichte sie erworben hatten. Es sollte mehr als 20 Jahre dauern, bis die Überreste gefunden wurden und der Wagen wieder auferstehen sollte.

Dieter Schmid und Günter Steckkönig beim 1000-Kilometer-Rennen am Nürburgring.

Dieter Schmid and Günter Steckkönig compete in the 1000-kilometer race at the Nürburgring.

Nach der Rallye Monte Carlo verliert sich bei Porsche die Spur des 911 S/T 911 230 0041. Im Mai 1972 war das Fahrzeug nochmals Teil eines Porsche-internen Entwicklungsberichts über die Rallye Monte Carlo. Am 28. Mai 1972 starteten Dieter Schmid und Günter Steckkönig mit dem Sportwagen beim 1000-Kilometer-Rennen auf dem Nürburgring. Gemeldet wurde der 911 230 0041 von Team des ehemaligen Porsche-Rennfahrers und Autohändlers Paul-Ernst Strähle. Der 911 S/T beendete das Rennen auf Platz 2 der Klasse GT+2.0 und Platz 10 der Gesamtwertung.

HULTSFREDS
-HUS
CIBIE
OSLO
6
S-T 5704

DIE EVOLUTION

VOM 911 T
ZUM 911 S/T

1970: Auf dem Weg zum Sieg bei der 39. Rallye Monte Carlo: Björn Waldegård und sein Beifahrer Lars Helmér.

1970: Björn Waldegård and his co-driver Lars Helmér en route to victory at the 39th Monte Carlo Rally.

1970 hatte Porsche nach dem dritten Sieg der Werksmannschaft in Folge den 911 von der Rallye Monte Carlo zurückgezogen. Das bedeutete freilich nicht, dass auch die Privatfahrer dem Sportwagenklassiker aus Zuffenhausen den Abschied gaben. Jahr für Jahr standen Elfer am Start und mischten kräftig vorne mit – oft mit Werksunterstützung. So bereitete Porsche für die Rallye Monte Carlo 1972 zwei 911 2.5 S/T vor – die besten Rallye-Sportwagen, die das Werk Anfang der 1970er Jahre zu bieten hatte. Fast hätte es Gérard Larrousse, zweimal Zweitplatzierter bei dem Rallye-Klassiker durch die französischen Alpen, mit dem hochkarätigen Elfer zum Sieg gereicht – am Ende musste er sich zum dritten Mal mit Platz Zwei begnügen.

Obwohl der 911 T im Jahr 1968 nur 110 PS hatte, gingen die drei Werkswagen 1968 mit 180 PS an den Start.

Die beiden 911 S/T für die Rallye Monte Carlo 1972 waren weitestgehend identisch. Für Gérard Larrousse und seinen Beifahrer Jean-Claude Perramond entstand in Zuffenhausen das Fahrzeug mit der Fahrgestellnummer 911 230 0041 und dem Kennzeichen S-AK 1336. Am Steuer des zweiten Rallye-Elfers saß Björn Waldegård. Beide Wagen trugen die identische rot-weiße Lackierung, Innenausstattung und Sitze waren bei beiden mit schwarzem Kunstleder überzogen. Die Eckdaten des 911 S/T von Gérard Larrousse: Leistungsgesteigerter 2,5-Liter-Motor mit 260 PS bei 7.800/min, die beiden 911-Sportpakete mit den M-Nummern 471 (Rallye) und 491 (Motorsport) sowie eine Reihe nicht detailliert beschriebener Extras. Aufgrund der Leistungssteigerung und weiterer zertifizierter Modifikationen homologierte das Kundenteam Ecuire Shell-SEB die beiden Wagen im Januar 1972 in der Gruppe 4 der Spezial GT.

Entspannt und mit Zigarette: Vic Elford und Pauli Toivonen – sie kamen 1968 auf Rang 1 und 2 ins Ziel.

Seen here relaxing with a cigarette, Vic Elford and Pauli Toivonen finished first and second in 1968.

Die Grundlagen für die Entwicklung dieser Ausnahmesportwagen schuf ein spektakulärer Erfolg vier Jahre zuvor. Um den 911 weltweit als begehrenswerten Sportwagen zu etablieren, nutzte Porsche traditionell den Motorsport als image- und absatzförderndes Marketinginstrument. Kundenbefragungen hatten ergeben, dass für fast zwei Drittel der Käufer das sportliche Porsche-Markenimage ein ebenso entscheidendes Kaufmotiv wie Technik, Design oder Zuverlässigkeit ist. In Zuffenhausen stand damit außer Frage, dass sich auch der Typ 911 im Wettbewerb beweisen sollte.

Globale Aufmerksamkeit garantierte die legendäre Rallye Monte Carlo. Für diesen Einsatz präparierten die Porsche-Ingenieure für

Vor dem großen Erfolg: Huschke von Hanstein verabschiedete die Fahrzeuge vor dem Monte Carlo-Sieg 1968.

Anticipating success: Huschke von Hanstein bids a fond farewell to the vehicles prior to the 1968 Monte Carlo victory.

So sehen Sieger aus: Vic Elford gewann 1968 die 37. Rallye Monte Carlo mit seinem Beifahrer David Stone.

The smile of a winner: Vic Elford won the 37th Monte Carlo Rally in 1968 with his co-driver David Stone.

1968 eine spezielle Version des Typs 911 T. Dieses Serienmodell war als sparsam ausgestattete, preislich attraktive Version des Sportwagens besonders leicht. Zwar hatte der 911 T einen gedrosselten Sechszylindermotor und war nicht so leistungsstark wie der 911 S. Doch mit den laut Reglement erlaubten Modifikationen gelang es, die Leistung von 110 PS auf 180 PS zu steigern. Und das bei einem Homologationsgewicht von 923 kg – 50 Kilogramm leichter als ein 911 S.

Gleich sechs Sportwagen dieses Typs gingen im Januar 1968 an den Start, drei davon als Werkswagen. Deren Fahrerliste zählte nur rennerprobte Piloten auf: Pauli Toivonen aus Finnland, Monte-Gewinner von 1966; Sobiesław Zasada aus Polen, amtierender Rallye-Europameister; und Vic Elford aus England, auf einem 911 R Europameister der Gruppe Gran Turismo.

Vor der berüchtigten „Nacht der langen Messer“ in den frostigen Seealpen lag Gérard Larrousse im Renault Alpine an erster Stelle.

Ihm folgte 14 Sekunden dahinter Porsche-Werksfahrer Vic Elford. Die erste Sonderprüfung gewann Elfords Teamkollege Pauli Toivonen. Larrousse war Zweitschnellster und lag jetzt 31 Sekunden vor Elford. Der Mann aus London gab dennoch nicht auf. „Quick Vic“, wie ihn seine Landsleute nannten, wuchs über sich hinaus – und deklassierte Larrousse mit 51 Sekunden Vorsprung. Auch Pauli Toivonen war schneller als der ehrgeizige Franzose. Larrousse fuhr in der nächsten Runde am Limit, rutschte aus und endete in einer Mauer. Die 911 T von Elford und Toivonen waren nun an der Spitze unter sich. Vic Elford gewann die 37. Rallye Monte Carlo mit 14.116 Punkten vor seinem Teamkollegen Pauli Toivonen mit 14.192 Punkten. Der Doppelsieg war der bis dahin größte Erfolg für Porsche und den 911 in einer Rallye.

1969 wollte die Rennabteilung den prestigeträchtigen Titel natürlich unbedingt verteidigen. Allerdings war der 911 T überholt: Ab Mitte des Jahres 1968 kam eine neue Generation 911 auf den Markt. Serienmäßig war der Radstand um 57 Millimeter verlängert, was zu einem verbesserten Fahrverhalten im Grenzbereich führte. Um die strengen US-amerikanischen Abgasgrenzwerte zu erfüllen, erhielt der 911 S eine mechanische Benzineinspritzanlage. Dadurch stieg die Leistung des Topmodells von 160 auf 170 PS. Für den motorsportlichen Einsatz musste der veränderte 911 neu homologiert werden. Im Zuge der Vorbereitungen für diese Zulassung entwickelte Porsche eine Reihe von reglement-konformen Modifikationen, noch ohne gemeinsame Bezeichnung. Am 18. November 1968 erging schließlich der Auftrag an die Versuchsabteilung für „Vorbereitung, Einsatz und Instandsetzung Rallye Monte Carlo 1969. Es sind fünf Motoren 901/24 aufzubauen und für die Rallye abzustimmen“. Einen Tag später ergänzte ein weiterer Versuchsauftrag das Projekt: „Zum Werkseinsatz „Rallye Monte Carlo 1969“ sollen vier Einsatzfahrzeuge 911 S vorbereitet werden.“

Am 1. Januar 1969 erhielt der 911 S die Homologation. Rennleiter Fritz Huschke von Hanstein bewies bei der Zusammenstellung der Mannschaft einmal mehr seinen Blick für Talente: Der amtierende Sieger Vic Elford hatte seinen Stammplatz im Zuffenhausener Team. Weiterhin verpflichtete Porsche Gérard Larrousse, zuvor auf dem Renault Alpine der schärfste Konkurrent von Elford. Dritter Werksfahrer wurde ein junger Pilot aus Schweden, der mit seinem zehnten Platz im Vorjahr Aufmerksamkeit erregt hatte: Björn Waldegård. In Wagen Nummer Vier saß Pauli Toivonen am Steuer.

Kaum in Monaco eingetroffen, legte Waldegård los. Gleich auf der zweiten Wertungsprüfung über den teilweise vereisten Col de Perty setzte er die erste Bestzeit. Zurück in Monaco, führte Waldegård mit 89 Sekunden Vorsprung vor Elford, die drittplatzierten lagen

Im Januar 1969 wurde der erste 911 S/T mit 2,2 Liter Hubraum beschlossen – hier der erste gebaute S/T (oben). Keiner war leichter: Gérard Larrousse erhielt für die Tour de France 1970 einen nur 780 Kilogramm schweren 911 S/T mit 2,4 Liter Hubraum – er wurde Zweiter (unten).

In January 1969, a decision was taken to build the first 911 S/T with a 2.2-liter displacement. The top photo shows the first S/T built. No car was lighter: for the 1970 Tour de France Gérard Larrousse was presented with a 911 S/T with a 2.4-liter displacement weighing just 780 kilograms, finishing in second place (below).

Mit nicht weniger als vier Werkswagen trat Porsche 1969 bei der Rallye Monte Carlo an – das Ergebnis: Ein Doppelsieg.

Porsche entered no fewer than four works cars in the 1969 Monte Carlo Rally, achieving a double victory.

1969 führte Vic Elford bei der Monte – doch er wusste es nicht und fuhr volles Risiko. Und traf dann einen Baum.

bereits sechs Minuten zurück. In der „Nacht der langen Messer“ lag der Schwede zunächst wieder vor Elford, bis beim Service ein Missgeschick beim Wechseln der Bremsbeläge passierte. Zeitverlust und Strafpunkte führten dazu, dass Elford vorn lag. Nur: Er wusste es nicht und fuhr weiterhin volles Risiko bis er eine Kurve falsch einschätzte, einen Baum traf und ausfiel. Pauli Toivonen musste ebenfalls aufgeben. Waldegård lag wieder vorn und kurz darauf schob sich Larrousse auf den zweiten Platz vor. Das führende Tandem hielt bis zum Ziel und zum zweiten Mal gelang Porsche das Doppel.

Der Erfolg bestätigte nachdrücklich, dass Porsche mit dem motorsportlichen Konzept für den 911 auf dem richtigen Weg war. Während der 911 S den Sieg bei der Rallye Monte Carlo ansteuerte, hob Porsche im Januar 1969 das Projekt S/T aus der Taufe. Die Bezeichnung fasste das Konzept des Motorsportwagens zusammen: Technik des 911 S kombiniert mit der reduzierten Ausstattung des 911 T. Das Kürzel war der internen Kommunikation vorbehalten: Um einen Sportwagen mit der offiziellen Bezeichnung „ST“ anzubieten, wäre laut Sportgesetz eine Homologation des kompletten Fahrzeugs notwendig gewesen. Zudem verlangte das Reglement, dass je nach motorsportlicher Klasse eine bestimmte Mindeststückzahl an Fahrzeugen gebaut werden musste. Beides wollte sich Porsche ersparen und verwendete nach außen hin grundsätzlich die Bezeichnung „911 S“.

Die Werkswagen der Rallye Monte Carlo 1969 dienten in einer ersten Planung Ende Januar 1969 als Vorlage für die geplante Ausstattung des 911 S/T. Dazu zählten unter anderem:

- Elektron-Lenkung mit Alu-Zahnstange
- Stabilisatoren 15 mm vorn und 16 mm hinten
- Steinschlagschutz Stahl (Sonderwunsch)
- Koni Stoßdämpfer vorn und hinten
- 6“ Fuchs Leichtmetallfelgen
- ZF Sperrdifferential (Sonderwunsch)
- 911 S Einspritzmotor mit erleichterten Wärmetauschern, erleichtertem Auspufftopf, Ansauggeräuschdämpfer aus Kunststoff
- 100-Liter-Tank aus Kunststoff mit kurzem Einfüllstutzen 80 mm Durchmesser
- 2 Benzinpumpen
- ohne Stoßstangenhörner hinten
- ohne Deckelschloss vorn und hinten, dafür Gummistraps
- Innnenausschlag statt Bouclé dünner Nadelfilz
- Bodenbelag statt Bodenmatten (Gummi) dünner Nadelfilz
- Sportsitze „Schal“
- Hosenträgergurte auf Sonderwunsch
- Porsche-Schriftzug auf der Seite ohne seitliche Schutzleisten
- Stoßstange ohne Gummileiste – mit schwarzem Streifen

Auf Sonderwunsch waren weiterhin vorgesehen:
- 2 Zusatzscheinwerfer auf vorderer Haube
- 2 Zusatzscheinwerfer in der vorderen Schürze
- Scheibenwischerarme mit geschützten Gelenken
- Twin-Master
- Hupenknopf am Boden für Beifahrer
- Sprechanlage Fahrer-Beifahrer
- Feuerlöscher
- Abschlepphaken auch hinten

Im Unterschied zu den Werkswagen der Rallye Monte Carlo 1969 sollte das künftige ST-Modell auf der 911 Generation des sogenannten C-Programms basieren. Dieses lief zum Modelljahreswechsel 1969/1970 im August 1969 an. Die wesentlichen Unterschiede: Der Hubraum des Sechszylinder-Boxermotors war von 2,0 auf 2,2 Liter vergrößert worden und verfügte über eine Saugrohreinspritzung. Das

Björn Waldegård und sein Beifahrer Lars Helmér freuen sich über den Sieg in Monte Carlo 1969.

Björn Waldegård and his co-driver Lars Helmér celebrate their victory in Monte Carlo in 1969.

1970 entschied die Reifenwahl die Rallye Monte Carlo – Björn Waldegård überraschte mit dem Wunsch nach Rennreifen.

The choice of tires decided the outcome of the 1970 Monte Carlo Rally – Björn Waldegård surprised everyone by requesting racing tires.

Triebwerk des 911 S entwickelte in der Serienversion jetzt 180 PS, ein Plus von 10 PS. Erstmals erhielt nun auch ein Motor die Typbezeichnung 911 statt bisher 901.

Während das Konzept des 911 S/T weiterentwickelt wurde, sorgten Änderungen im Regelwerk des europäischen Motorsportverbandes FIA für ein Moratorium. In einer Besprechung am 9. Juli 1969 beschlossen Ferry Porsche, Versuchschef Helmuth Bott und Rennleiter Rico Steinemann, dass im laufenden Jahr „keine Langstreckenrennen und keine Rallye mehr gefahren" werde. Die entsprechenden Aufträge seien zu stornieren, so eine Hausmitteilung von Helmuth Bott. Die FIA hatte die Mindestmaße des Tourenwagen-Innenraumes neu definiert, weshalb die Homologationen der 911 ihre Gültigkeit verloren hatten. 1970 traten umfassende Reglement-Änderungen in Kraft, die mit dem „Anhang J" die Einteilung der Fahrzeuge neu gestaltete.

Als Björn Waldegård die Spike-Reifen durch Rennreifen ersetzte, distanzierte er die Konkurrenz und gewann 1970 die 39. Rallye Monte Carlo.

Für Porsche waren in der neuen FIA-Klassifizierung die Gruppen 2, 3 und 4 interessant. Die Gruppe 2 – die so genannten Special Touring Cars – umfasste modifizierte viersitzige Serienfahrzeuge mit einer Mindestauflage von 1000 Fahrzeugen. In der Gruppe 3 waren die Series-Production Grand Touring Cars zusammengefasst. Dabei handelte es sich um weitgehend serienmäßige Fahrzeuge mit mindestens zwei Sitzen und einer Stückzahl von ebenfalls über 1000 Exemplaren. Die Gruppe 4 der Special Grand Touring Cars verlangte mindestens 500 hergestellte Fahrzeuge und erlaubte technische Änderungen, die über das Limit der Gruppe 3 hinausgingen.

Unabhängig von der Motorsport-Pause des Hauses Porsche blieb der Start bei der Rallye Monte Carlo 1970 unverändert auf der Agenda. Im Oktober 1969 wurde in einer Entwicklungskonferenz zum 911 S/T beschlossen: „Die provisorische Stückliste ist hiermit für max. 10 Fahrzeuge (4 Rallye Monte Carlo und 6 Kunden) freigegeben. Nach Begutachtung der ersten Fahrzeuge wird die endgültige Stückliste freigegeben." Über die weitere Planung schrieb Ferry Porsche Ende desselben Monats an die damalige VW-Porsche Vertriebsgesellschaftt: „Es ist vorgesehen, den 911 S als Tourenwagen in der Klasse über 2 Liter zu homologieren (Spezial-Tourenwagen Gruppe 2 entsprechend dem neuen Anhang J)." Dies werde jedoch erst „zum 1.4.70 erfolgen können, da ein Stückzahlnachweis von 1.000 Fahrzeugen (911 S Coupé) erforderlich ist". Vorerst solle das Topmodell zu Jahresbeginn mit einer Stückzahl von 500 als GT zugelassen werden. Im April sollten dann die Neuhomologation und Umstufung in die Tourenwagenklasse erfolgen.

Allerdings verschob sich diese Strategie zum Jahresende. Mitte November 1969 wurde in einer Homologationsbesprechung bei Entwicklungschef Ferdinand Piëch beschlossen, dass der 911 S „zum 1.1.1970 zur Homologation in der Gruppe 4 Spezial-GT eingereicht" wird. „Zugleich wird eine Stückzahlbestätigung über 1.000 Fahrzeuge zum 1.2.1970 mitgeschickt und die Homologation dieses Typs zum 1.2.70 in der Spezial-Tourenwagen-Klasse Gruppe 2 über 2 Liter beantragt." Als Motor wurde „für die Rallye Monte Carlo sowie für den Kundeneinsatz der Motor 911/20" verwendet. Dieser Sechszylinder war auf 2247 Kubikzentimeter vergrößert und leistete rund 230 PS.

Ende November schrieb die Porsche Sportabteilung an den AvD als Genehmigungsinstitution, Porsche habe „die Produktion der 911 E- und T-Modelle zugunsten des 911 S etwas reduziert, sodass wir bis zum 30.11.69 die erforderlichen 1000 Fahrzeuge produziert haben." Dies war die Voraussetzung dafür, den 911 S(ST) für die Rallye Monte Carlo zu qualifizieren.

Der Anblick täuscht: 1971 trat Porsche bei der Rallye Monte Carlo mit drei der neuen 914/6 GT-Rennwagen an – der 911 S im Vordergrund war ein Begleitfahrzeug.

Appearances can be deceptive: In 1971, Porsche entered the Monte Carlo Rally with three of the new 914/6 GT racing cars – the 911 S in the foreground served as a support vehicle.

Am 2. Januar 1970 erhielt der 911 S/T unter der Nummer 3005 die Homologation für die Gruppe 3. Damit war auch der Weg frei in die Gruppe 4, in der technisch modifizierte Gruppe-3-Fahrzeuge erlaubt waren. Porsche nutzte die zusätzlichen Freiräume der höheren Klasse und homologierte unter anderem Leichtmetallzylinder sowie Zylinderköpfe mit Doppelzündung. Dazu kamen Schalensitze, eine vereinfachte Ausführung des Armaturenbretts und Leichtbauteile, die das Gesamtgewicht auf die angegebenen 960 kg reduzierten. So fertigte man nichttragende Karosserie-Teile aus Dünnblech, die verbreiterten Kotflügel, Fronthaube und Stoßstangen bestanden aus Kunststoff. Türen aus Dünnblech mit einer Aluminium-Außenhaut wurden ebenfalls eingetragen. Für die Rallye war dieser Fahrzeugtyp erstmals mit einem Überrollbügel ausgestattet.

Ab Mitte Dezember 1969 trainierten die Teams nahezu ununterbrochen mit den neuen Wagen. Pünktlich zum Termin waren drei 911 S/T für die Rallye Monte Carlo abgestimmt und einsatzbereit. Die gesamte Motorsportwelt schaute auf Porsche, als zur 39. Rallye Monte Carlo aufgerufen wurde. Nach den beiden Doppelsiegen waren die Zuffenhausener haushohe Favoriten. Am 13. Januar 1970 verkündete der Sportwagenhersteller, dass drei Teams Stuttgart verlassen hätten und auf dem Weg zu den Startorten seien. Während Gérard Larrousse und sein Beifahrer Maurice Gélin den Weg nach Warschau unter die Räder nahmen, fuhr Vorjahressieger Björn Waldegård mit seinem Copiloten Lars Helmér nach Oslo. Den kürzesten Weg hatte das Duo Åke Andersson/Bo Thorselius, das in Hanau auf die Strecke ging. Die beiden Talente waren – wie im Jahr zuvor das Team Waldegård und Helmér – eine Neuentdeckung aus Schweden. Mehr noch als in den Vorjahren entwickelte sich die Rallye zum Reifenpoker. Nach den Informationen von der Strecke entschlossen sich die Werksfahrer, selbst solche Sonderprüfungen mit Rennreifen zu fahren, die bei einer Gesamtlänge von rund 25 Kilometern auf etwa drei Kilometern mit Schnee oder Eis bedeckt waren. Nach den ersten vier von neun Prüfungen hatten die Teams einen Vorsprung, der allerdings bald zusammenschmolz. Als auf Spikereifen gewechselt wurde, schienen die Porsche eine unterlegene Reifenserie erwischt zu haben: Bei allen drei Teams platzte in der siebten Sonderprüfung ein Reifen. Björn Waldegård erzielte als schnellster Porsche-Fahrer nur die fünftbeste Zeit.

1971 erhielt das Team Guy Chasseuil/ Christian Baron einen 911 S/T als Leihgabe – das Werk fuhr 914/6 GT.

Den Col de Turini nahmen Waldegård und Andersson nicht zuletzt deshalb wieder auf Rennreifen in Angriff – sehr zur Verwunderung der Kollegen. Dann fuhr Björn Waldegård jedoch 56 Sekunden schneller als Larrousse auf Spikes und bewies damit, dass auf den trockenen Streckenabschnitten mehr Zeit gut gemacht werden konnte als bei den langsamen Schnee-Passagen verloren ging. Selbst Andersson, der gegen einen Stein fuhr und dadurch 52 Sekunden gegenüber Waldegård verlor, blieb noch schneller als Larrousse.

Dennoch reichte Andersson seine hervorragende Zeit nicht, um Larousse vom zweiten Platz zu verdrängen. Als Schnellster kam wie im Vorjahr Björn Waldegård ins Ziel, gefolgt von Gérard Larrousse. Der dritte Porsche-Doppelsieg bei der Rallye Monte Carlo war perfekt. Fast hätte es sogar zum Triple gereicht: Åke Andersson schaffte es auf Platz Vier. Es war das erste Mal in der Geschichte der berühmtesten Rallye der Welt, dass eine Marke drei Mal in Folge gewann.

Der 911 S/T hatte damit seine Feuerprobe bestanden. In den folgenden Monaten schnürte Porsche ein Paket für den neuen Motorsportwagen, das auch Kunden die Performance der Rallye-911 bieten sollte. Ab Oktober 1970 führte Porsche den 911 S/T als „Sport-Standard-Ausführung" mit Straßenzulassung unter der Mehr-Minder-Ausstattungsnummer M471. Die Karosserie-Außenhaut bestand dabei unverändert aus Stahlblech, die Innenausstattung war einfach und lag auf dem Niveau des 911 T. Mit dieser M-Nummer ließ sich das ST-Paket bei jedem Händler bestellen, es war regulärer Bestandteil des 911-Portfolios. Die ergänzende Motorsport-Version für die Rundstrecke erhielt die Nummer M491, umfasste zusätzlich Teile aus Kunststoff, Seiten- und Heckscheiben sowie den 230 PS starken Rennmotor 911/20. Die Rallye-Variante als weiteres Zusatzpaket von M471 rangierte unter der Nummer M494 und verband die Merkmale der Rundstreckenvariante mit dem 180 PS starken Serienmotor 911/02.

Allerdings kam nur ein 911 S/T werksseitig bei der Rallye Monte Carlo 1971 zum Einsatz – und das als Leihgabe für die Privatfahrer Guy Chasseuil und Christian Baron. Das Fahrzeug wurde von einem 911/02 Sechszylindermotor mit 180 PS angetrieben und verfügte als Besonderheit über ein halbautomatisches Sportomatic-Getriebe. Der Grund: Porsche wollte den Mittelmotor-Sportwagen 914/6 aufs Siegertreppchen stellen, um die Nachfrage anzukurbeln. Das misslang jedoch, der Mittelmotor-Zweisitzer erfüllte die Erwartungen nicht. Auch der 911 S/T fiel aus und kam nicht in die Wertung.

Das tat der Nachfrage der Privatfahrer nach dem 911 S/T keinen Abbruch. Im Frühjahr 1971 baute Porsche das Angebot weiter aus. Die Kundeninformation „Sporttechnischer Leitfaden für PORSCHE-Fahrer" gab unter anderem bekannt, dass es ab März 1971 noch eine dritte Variante des aktuellen 911-Wettbewerbsmotors geben sollte. Neben der serienmäßigen Version mit 2,2 Liter Hubraum und 180 PS (911/02) war die 2,3-Liter-Variante mit 230 PS (911/20) im Angebot. Dieser Einspritzmotor war auch als Vergaservariante mit gleichen Werten erhältlich und lief unter der Typnummer 911/22. Neu hinzu kam ein 2,4-Liter-Triebwerk mit 250 PS, das als 911/21 zu bestellen war.

Björn Waldegård und Hans Thorszelius erreichten Monte Carlo auf Rang 3 – danach setzte Porsche wieder auf den 911 S/T.

Björn Waldegård and Hans Thorszelius came third in Monte Carlo – after which Porsche reverted to the 911 S/T.

1972 präsentierte Porsche den 911 mit dem 2,4-Liter-Motor und dem Rallye-Umbaukit, das von der Rallye-Szene gut geordert wurde.

In 1972, Porsche unveiled the 911 with 2.4-liter engine and rally conversion kit, which proved popular with the rally scene.

In den späten 60er-Jahren war der 911 S/T der Wagen, den es bei Rallye-Einsätzen zu schlagen galt.

Drei Jahre – drei Plakate: Porsche feierte die Monte-Carlo-Siege mit den berühmten Sieges-Plakaten.

Three years – three posters: Porsche celebrated its wins in Monte Carlo with a series of famous victory posters.

Im August 1971 folge die nächste Ausbaustufe. Mit dem Wechsel zum Modelljahr 1972 und dem sogenannten E-Programm erhielten alle 911 den auf 2,4 Liter vergrößerten Motor. Das gab den Motorentwicklern die Möglichkeit, den Sechszylinder für den Einsatz im 911 S/T auf 2,5 Liter Hubraum aufzubohren. Einmal mehr sollte der neue – und die letzte Version des – 911 S/T bei der Rallye Monte Carlo seine Performance unter Beweis stellen.

Der 911 S/T wurde bis zum Juli 1972 gebaut. Im Oktober löste ihn der 911 Carerra RS 2.7 ab. Dem Serien-911 S mit der Option einer Sportausstattung mit und ohne Straßenzulassung folgte damit der erste Seriensportwagen für den Motorsport mit Straßenzulassung. In seinen verschiedenen Varianten war der 911 S/T zwischen 1969 und 1972 als letzter Sport-Elfer ohne Heckspoiler gebaut worden. Die entstandenen Fahrzeuge lassen sich grob in vier Basis-Gruppen unterteilen:

- Fahrzeuge, die im Werk für die Werk-Teams aufgebaut wurden,
- Fahrzeuge, die im Werk für Tests aufgebaut wurden,
- Fahrzeuge, die im Werk für Privatkunden aufgebaut wurden, und
- Fahrzeuge, die von Privatkunden nachträglich durch Original-Teile modifiziert wurden.

Eine genaue Zahl der jemals aufgebauten 911 S/T lässt sich deshalb nicht feststellen.

Außer bei der Rallye Monte Carlo waren 911 S/T bei zahlreichen Wettbewerben im Einsatz. So beispielsweise in Rallye-Ausführung mit 2,2-Liter-Motor bei der Akropolis (1969), Schweden (1970), Alpenfahrt (1970) und East African Safari (1971). Auf der Rundstrecke fuhren 911 S/T unter anderem bei der Tour de France (1970 mit 2,4-Liter-Motor) auf dem Nürburgring (1970 mit 2,3-Liter-Motor und 1972 mit 2,5-Liter-Motor), in Le Mans (1970 mit 2,3-Liter-Motor und 1972 mit 2,5-Liter-Motor) sowie in Daytona (1973 mit 2,5-Liter-Motor).

Der 911 S/T glänzte nicht nur auf Rallye-Pfaden, sondern auch bei den 24 Stunden von Le Mans – hier der S/T von Sylvain Grant, Jürgen Barth und Michael Keyser, der als schnellster 2.5 S/T auf Rang 13 ins Ziel kam.

The 911 S/T not only shone bright on the rally track, but also at the 24 Hours of Le Mans. The photo shows the S/T driven by Sylvain Grant, Jürgen Barth, and Michael Keyser, which finished 13th as the fastest 2.5 S/T.

„Der 911 S/T war gleichermaßen auf der Rundstrecke wie auf den Rallye-Pisten zu Hause und gewann zahlreiche Rennen."

Jürgen Barth

Ende 1971 waren die beiden ersten 911 2.5 S/T fertiggestellt worden.

The first two 911 2.5 S/T vehicles were completed by the end of 1971.

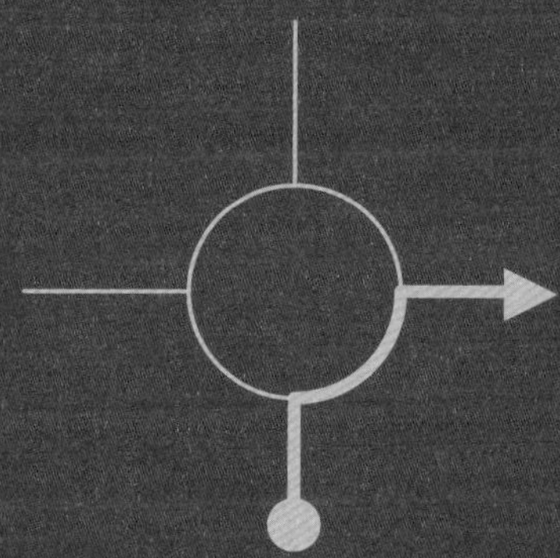

„UM AN DIE SPITZE ZU KOMMEN, MUSS MAN KÄMPFEN.“

MICHAEL STOSCHEK

Wenn man Jörg Maltzan Glauben schenken darf, „leckte Michael Stoschek im Mai 1992 bei der Bavaria Rallye Historic erstmals richtig Blut“ – so schrieb es der Journalist jedenfalls damals in der Zeitschrift *Motor Klassik*. Maltzan saß bei dieser Rallye neben Michael Stoschek, der einen Mini Cooper S des Baujahres 1965 pilotierte.

Nun ist es nicht so, dass Michael Stoschek erst 1992 seine Leidenschaft für Rallye-Wettbewerbe entdeckte. Er selbst erinnert sich: „Mein großes Interesse an Automobilen entstand vielleicht auch deshalb, weil ich als Kind weitgehend mit dem Fahrrad unterwegs war. Meine Mutter, bei der ich aufgewachsen bin, hatte zwar einen Führerschein, aber kein Auto.“

Michael Stoschek hat sich, wie fast jeder Junge seiner Generation, schon früh mit Automobilen befasst. Der rennsportliche Umgang mit ihnen begann allerdings erst in den späten 80er-Jahren. Bis dahin nahm er an zahlreichen Fahrtrainings teil und las den in Lancia-Stratos-Kreisen legendären Artikel „Meine grüne Mauritius“ des österreichischen Journalisten Eckhard Eybl. Das führte zur Anschaffung eines roten Serien-Stratos, seines ersten richtigen Sportfahrzeugs, den er später zum Gruppe-4-Rallyeauto umbauen ließ.

Doch irgendwann legte Stoschek den Fokus auf ernsthaftere Veranstaltungen, wozu auch ein Erlebnis auf dem Beifahrersitz neben Rallye-Legende Walter Röhrl beitrug. Anlässlich einer Auto-/Skiveranstaltung mit Rauno Aaltonen und Walter Röhrl im schweizerischen Sils Maria hatte der zweifache Rallyeweltmeister ihm bei einer nächtlichen Fahrt über einen verschneiten Alpenpass demonstriert, wie man ein Fahrzeug mit Lenkung, Gas und Bremse millimetergenau durch die Kurven steuert.

Dass der „vom Leistungsgedanken getriebene Perfektionist“, wie das *Handelsblatt* Michael Stoschek einmal charakterisierte, diese Lehrstunde zum Anlass nahm, um konsequent seine eigene Fahrtechnik zu verbessern, war zu erwarten. Im Laufe der Jahre steuerte er sich – durch systematische

Michael Stoschek wurde von seinem Großvater Max Brose gebeten, sein Lebenswerk fortzusetzen.

Nach dem Ableisten des Wehrdienstes und dem Abschluss einer Stammhauslehre in der Siemens AG wurde ihm 1971 mit 23 Jahren die Leitung der Firma Metallwerk Max Brose & Co. in Coburg übertragen. In 35 Jahren entwickelte er aus dem Coburger Metallwerk mit ca. 1.000 Mitarbeitern eine internationale Firmengruppe mit 37 Standorten in 19 Ländern, als er Ende 2005 die Unternehmensleitung mangels Nachfolger in der Familie an einen externen Manager übergab. Neben seinen beruflichen Aufgaben interessierte sich Michael Stoschek für den Pferde- und den Motorsport.

Mit der ihm eigenen Energie erreichte einer der besten Vielseitigkeitsreiter unter den Jugendlichen schließlich im Springsport zwei Bayerische, vier Fränkische Meistertitel und war mit mehr als 60 Siegen in nationalen und internationalen Springen in der höchsten Klasse einer der besten Amateurspringreiter Deutschlands.

Michael Stoschek was invited by his grandfather, Max Brose, to continue his life's work.

After his military service and having completed an apprenticeship at Siemens AG, he was appointed manager of Metallwerk Max Brose & Co. in Coburg in 1971 at the age of 23. Over a period of 35 years, he grew the Coburg-based metalworking outfit with approximately 1,000 employees into an international group of companies with 37 locations in 19 countries. Lacking a successor within the family, he handed over the management of the company to an external manager at the end of 2005. In addition to his professional responsibilities, Michael Stoschek had a passion for equestrian sports and motorsports.

Showing characteristic energy, he proved himself one of the best eventing riders among young athletes and eventually achieved two Bavarian and four Franconian show jumping championship titles, and with more than 60 victories in national and international show jumping at the highest level, he was one of Germany's best amateur show jumpers.

„Am Tag der Bekanntgabe meiner bestandenen Abiturprüfung 1965 stand der BMW 1500 vor der Haustür – ich war außer mir vor Freude. Und ich habe mir später noch einmal einen BMW 1800 TI zugelegt."

65 Jahre liegen zwischen diesen beiden Bildern: 1965 mit dem BMW 1500 (l.) – 2020 mit einem restaurierten BMW 1800 TI (r.).

These two photos were taken 65 years apart: 1965 with the BMW 1500 (l.) – 2020 with a restored BMW 1800 TI (on the right).

Analyse und konsequentes Training mit erfahrenen Profis – im historischen Rallye-Geschehen ganz nach vorn.

Aber Schnitt – und noch einmal zurück an den Anfang. Wie beginnt jemand wie Michael Stoschek seine Auto-Karriere? „Um legal ans Steuer zu kommen, habe ich bei einem befreundeten Fahrlehrer Stunden genommen", erzählt Stoschek mit einem Augenzwinkern. „So war es möglich, schon ab dem 15. Lebensjahr ein Auto zu lenken. Die Ausgaben finanzierte ich mit Ferienarbeit. Bis zur Aushändigung des Führerscheins habe ich mir dann regelmäßig ältere Freundinnen gesucht, die bereits ein Auto hatten, was mir eine umfangreiche Fahrpraxis erlaubte, bis ich endlich am 18. Geburtstag den Führerschein in den Händen hielt."

Sein erstes eigenes Auto wiederum ist mit einer unglaublichen Geschichte verbunden. Die Firma BMW steckte in den 60er-Jahren in einer tiefen Krise: Zwischen den zweizylindrigen Isettas und dem V8 Barockengel gab es kein massentaugliches Angebot im Portfolio der Marke. Paul Hahnemann, der legendäre Vertriebschef mit dem Beinamen „Nischen-Paule", entdeckte ein neues Segment, das Alfa Romeo in Italien mit der Giulia eröffnet hatte: ein viertüriges Auto mit sportlichen Fahreigenschaften.

Michael Stoschek ist auch aktuell mit 77 Jahren noch im Sattel aktiv.

Now aged 77, Michael Stoschek is still active in the saddle.

Das erste Fahrzeug dieser Neuen Klasse war der BMW 1500. Die zur Verfügung stehenden 80 PS waren Anfang der 60er-Jahre in der Mittelklasse ebenso ungewöhnlich wie die 150 Stundenkilometer Höchstgeschwindigkeit. Dazu Stoschek: „Natürlich war ein derart sportliches Fahrzeug nichts für meinen Großvater. Max Brose ließ sich ab dem 50. Lebensjahr nur noch von einem Fahrer und nur ganz langsam chauffieren. Dennoch bestellte der kaufmännische Leiter des Metallwerks Max Brose & Co. einen dieser 1500er BMW und fuhr damit auf Hochzeitsreise. Nach seiner Rückkehr lag auf seinem Schreibtisch das Entlassungsschreiben."

Anschließend wurde der Wagen in einer Wellblechgarage auf dem Fabrikhof eingesperrt. „Ich ließ mir aber als Heranwachsender immer wieder vom Pförtner den Schlüssel geben, um mich einige Minuten in mein Traumauto zu setzen", erinnert sich Stoschek. „Am Tag der Bekanntgabe meiner bestandenen Abiturprüfung am humanistischen Gymnasium in Coburg stand besagter BMW 1500 dann plötzlich

Michael Stoschek
Fränkischer Vielseitigkeitsmeister 1966
Bayerischer Meister Springreiten 1992, 1996
Bayerischer Vizemeister 1978
Bayerischer Meister 3. Platz 1997
Fränkischer Meister 1982, 1988, 1989, 1990
Gewinner Großer Preise im In- und Ausland sowie ca. 50 Siege in Klasse S

Sieger im Großen Preis von Straubing 1997.

Winning the Grand Prix of Straubing in 1997.

vor der Haustür meiner Mutter und der Chauffeur meines Großvaters übergab mir die Autoschlüssel. Ich war außer mir vor Freude und mein Großvater das Ärgernis endlich los. Ich erinnere mich noch gut, wie ich aus dem Haus stürmte und durch das Rückfenster auf der Hutablage den roten Shell Atlas sah. Vermutlich hätte mir dieser Ziegelstein im Fall einer Vollbremsung das Genick gebrochen, ohne die heute obligatorischen Kopfstützen, doch damals war man nicht so ängstlich wie heute."

Die stärkste Version der Neuen Klasse, einen BMW 1800 TI mit 110 PS, fuhr der Juniorchef der Coburger BMW-Vertretung, mit dem Stoschek am Wochenende häufig zu Reitturnieren fuhr. Auf den damals noch wenig ausgebauten Straßen – noch ohne 100-km/h-Begrenzung außerorts – begeisterten das silbergraue Fahrzeug und sein Pilot den jungen Stoschek so sehr, dass er sich Jahrzehnte später einen identischen BMW 1800 TI aufbauen ließ. Der Wagen steht neben einem Schnitzer BMW 2002 4-Ventiler in Stoschecks Sammlung.

Man kann also sagen, dass die Begeisterung für das Automobil und für zügige Fortbewegung ein wichtiger Bestandteil von Michael Stoschecks DNA ist – was wahrscheinlich auch damit zu tun hat, dass ihm Begriffe wie Ehrgeiz, Wettbewerb und Tempo in den Genen liegen. Das zeigt auch sein beruflicher Werdegang. Ohne diese Eigenschaften hätte Michael Stoschek aus dem von Max Brose und Ernst Jühling 1919 in Coburg gegründeten Metallwerk Max Brose & Co. wohl kaum den fünftgrößten Automobilzulieferer in Privathand schaffen können. Heute ist die Brose SE eine weltweit agierende Unternehmensgruppe mit 70 Standorten in 24 Ländern und 32.000 Mitarbeitern.

Es gibt noch einen weiteren eindrucksvollen Beleg für Michael Stoschecks Ehrgeiz und Zielstrebigkeit: Seine Schwester hatte von Stoschecks Großvater einst ein junges Pferd geschenkt bekommen, von dem sie regelmäßig abgeworfen wurde. Ihr Bruder wollte es dann wissen. Mit eben diesem Hannoveraner Wallach Walzer gewann er die fränkische Meisterschaft in der Vielseitigkeit. Im Springsport folgten auf

AKTION

Auf den Spuren von Hopkirk/Liddon: das *Motor Klassik*-Team Stoschek/Maltzan entspannt (rechts) und bei verschärfter Gangart in einer „Rechts eins".

Der eilige Michael

Michael Stoschek, Unternehmer aus Coburg, wollte eigentlich nur mal seinem **1965er Mini Cooper S** ein wenig Auslauf verschaffen, doch auf der **Bavaria Rallye Historic** am 29./30. Mai leckte er Blut. Auf elf abgesperrten Waldwegen ging's rasant zur Sache – **ein Report aus dem Cockpit.**

Ein Bericht von Jörg Maltzan mit Fotos von Frank Herzog.

Die erste Rallye fuhr Michael Stoschek im Mai 1992 mit einem Mini Cooper S der erste Bestzeit-Rallye-Artikel der Motor-Klassik.

Michael Stoschek drove in his first rally in May 1992 in a Mini Cooper S the first record breaking rally vehicle in the Classic Motor class.

anderen Pferden zwischen 1990 und 1992 drei weitere fränkische Meistertitel, 1992 und 1996 wurde Stoschek schließlich bayerischer Landesmeister und mit mehr als 50 Siegen in der höchsten Klasse bei nationalen und internationalen Reitturnieren beendete Stoschek im Millennium-Jahr seine Karriere als einer der erfolgreichsten Amateur-Springreiter Deutschlands.

Zurück zum Rallyesport: Zu dieser Zeit hatte ihn dieses Thema immer stärker in Beschlag genommen, sodass der Unternehmer an rund 40 Wochenenden im Jahr entweder mit dem Pferd oder mit dem Auto unterwegs war. „Springreiten und Rallyefahren haben einiges gemeinsam. In beiden Fällen muss man auf einem optimalen Weg möglichst schnell vom Start zum Ziel kommen, die Kurven auf der Straße sind die Hindernisse im Parcours", erklärt Stoschek und ergänzt schmunzelnd: „Der größte Vorteil beider Sportarten liegt darin, dass man sie im Sitzen ausüben kann." Natürlich ist das „Material" ein wesentlicher Faktor und man kann in beiden Sportarten noch im höheren Alter absolut wettbewerbsfähig sein.

Nun sollte man wissen, dass Michael Stoschek alle Dinge, die er anpackt, mit systematischer Konsequenz angeht: „Ich habe immer

Tipps vom Weltweister: Walter Röhrl und Michael Stoschek bei der Bavaria 1992.

Getting tips from the world campion: Walter Röhrl and Michael Stoschek at Bavaria 1992.

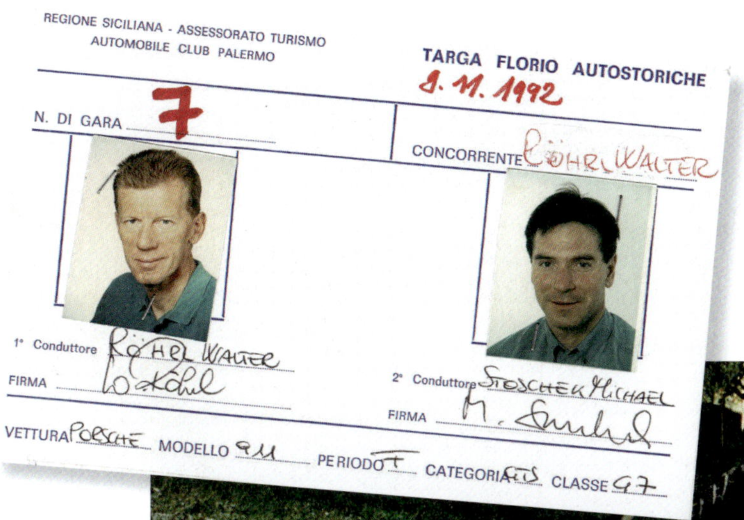
REGIONE SICILIANA - ASSESSORATO TURISMO
AUTOMOBILE CLUB PALERMO
TARGA FLORIO AUTOSTORICHE
1. 11. 1992
N. DI GARA 7
CONCORRENTE RÖHRL WALTER
1° Conduttore RÖHRL WALTER
FIRMA
2° Conduttore STOSCHEK MICHAEL
FIRMA
VETTURA PORSCHE MODELLO 911 PERIODO T CATEGORIA ... CLASSE G7

Die Bordkarte vom ersten Einsatz des condagrünen 2,0 Liter Porsche 911 S – Kennzeichen CO-HP 65.

The time card from the first deployment of the Conda Green 2.0-liter Porsche 911 S – license plate CO-HP 65.

Service bei der Targa Florio mit Norbert Otto und Karl-Heinz Feustel.

Service stop at the Targa Florio with Norbert Otto and Karl-Heinz Feustel.

den Kontakt zu den besten Profis gesucht, um von ihnen zu lernen – das waren beim Pferdesport Nationenpreisteilnehmer und Nationaltrainer und beim Rallyefahren Namen wie Rauno Aaltonen, Walter Röhrl, Sepp Haider oder Matthias Kahle.“ Mit derselben Konsequenz fanden sich im Laufe der Jahre ein paar sehr attraktive und potente Rallyefahrzeuge verschiedener Fabrikate in der Garage von Michael Stoschek – davon sieben für den Sport aufgebaute Porsche. „Walter Röhrl sagte mir in der Mittagspause der Bavaria, bei der ich den Mini Cooper S fuhr, dass das Rallyefahren im historischen Bereich eigentlich nur mit einem Porsche 911 Sinn gibt. Den Rat-

Eines der letzten Abenteuer: Schnitte von 120 km/h sind bei der Carrrera Panamericana in Mexiko an der Tagesordnung

3. Carrera-Sieg für Stoschek

Der Coburger Porsche-Fahrer dominierte zum dritten Mal die Klassik-Wertung der Carrera Panamericana.

Diese Erklärung ist ebenso simpel wie ehrlich und richtig: „Der Reiz des Rallyesports liegt einfach darin, dass man ein Auto auf normalen Landstraßen schnell bewegen kann, ohne andere zu gefährden", meint Michael Stoschek. Noch reizvoller wird das Ganze natürlich, wenn die Rallye möglichst lang ist und über wilde Straßen in entlegenen Gegenden führt – wie die Carrera Panamericana in Mexiko.

Vor einigen Jahren hat der 56-jährige Kaufmann aus Coburg die Rallye bei einem Besuch in Mexiko zufällig entdeckt und war sofort Feuer und Flamme. „Da gibt es Verbindungsetappen, die mit einem Schnitt von 120 km/h zu fahren sind, alles immer unter Polizeischutz – das glaubt einem in Deutschland kein Mensch", schwärmt er.

Drei Mal war er in den vergangenen Jahren mit seinem 1965er Porsche 911 am Start im mexikanischen Tuxtla Gutiérrez, zwei Mal feierte er den Sieg in der historischen Klasse, 2001 sogar Platz 2 in der Gesamtwertung – denn gefahren wird auf den 3500 Kilometern bis nach Nuevo Laredo nicht nur mit rein historischem Material, sondern auch mit modernisierten Autos mit aktueller Technik unter der klassischen Haube.

Deutschsprachige Teilnehmer (von links): Zwickl, Stelzmüller, Fromberg, Middeldorp, Schneppenheim und Stoschek. Unten die Zielankunft

Dennoch gelang Stoschek und seinem Beifahrer Dieter Schneppenheim unter 70 Startern auch 2004 ein bemerkenswerter vierter Gesamtplatz hinter drei bärenstarken Studebaker sowie – fast schon obligatorisch – der Sieg in der historischen Klasse. „Im Ziel konnten die Kommissare es nicht glauben, dass ein Zweiliter-Auto so weit vorn fährt und haben den Motor geöffnet, um den Hubraum zu überprüfen", lacht Stoschek. Selbstverständlich entsprach das 200-PS-Triebwerk dem Reglement, Stoschek und Schneppenheim konnten gelassen auf den Sieg anstoßen.

schlag von Walter Röhrl habe ich beherzigt und mir einen 1965 2,0-Liter Porsche 911 S von Karl-Heinz Feustel in Heischeid bestellt, mit dem ich dann viele internationale Veranstaltungen gefahren bin und als Sieger beendet habe."

Michael Stoschek gehört nicht zu den Automobilsammlern, die ihre Schätze in klimatisierten Hallen zur Besichtigung ausstellen. „Alle meine Autos werden artgerecht bewegt. Das bedeutet, dass ich die Wettbewerbsfahrzeuge bei Rallyes und Bergrennen einsetze und die Geländeautos im Dreck, im Schlamm und im Fluss bewegt werden." Das Wort „Fluss" ist in diesem Fall ernst gemeint, denn schließlich stehen in einer zweiten Garage neben den Geländewagen aus dem Zweiten Weltkrieg auch einige Amphibienfahrzeuge.

Da Rallyesport mit Höchstgeschwindigkeit auf deutschen Straßen seit Jahren nicht mehr genehmigungsfähig ist, setzt Stoschek seine historischen Fahrzeuge eigentlich nur noch im Ausland ein. Entweder in Italien, wo im riesigen Dolomiten-Gebiet sehr viele Veranstaltungen durchgeführt werden, oder außerhalb Europas. Dreimal gewinnt Stoschek zwischen 2001 und 2004 die Kategorie der Fahrzeuge bis

Speed Limit on Bridge: 10 km/h – der condagrüne 2-Liter 911 S muss sich nicht daran halten, da er die Brücke gar nicht berührt, sondern überfliegt.

Although the speed limit on the bridge is 10 km/h, this is irrelevant for the 2-liter 911 S in Conda Green, as it doesn't even touch the bridge, flying over it instead.

Michael Stoschek und Dieter Schneppenheim feiern ihren Sieg in der Klasse der historischen Fahrzeuge bei der 3. Carrera Panamericana.

Michael Stoschek and Dieter Schneppenheim celebrate their victory in the Historic Vehicle class at the third Carrera Panamericana race.

1965 bei der Carrera Panamericana in Mexiko, er holt den Klassensieg bei der australischen Targa Tasmania oder wird Zweiter in der Gesamtwertung der Rallye Neufundland. Diese Erfolge haben den Namen „Brose Motorsport" in die Welt getragen.

Inzwischen hatte der Automobilweltverband FIA entschieden, dass ab dem Baujahr 1972 nur noch Fahrzeuge startberechtig sind, die eine originale Renngeschichte vorweisen können. Stoschek erklärt sein damaliges Ziel: „Nachdem ich mit meinem Porsche 911 2.0 von 1965 bereits einmal Vize-Meister war, wollte ich mir in der Saison 2006 den Titel des Europameisters im Historischen Rallyesport holen." Passenderweise geht 1998 bei Brose Motorsport ein Anruf von Dietmar Zinser ein, einem Restaurator und Teilehändler aus Sulz-Glatt, der den 911 S/T 2,5 mit der Fahrgestellnummer 0041 anbietet. Es handelt sich um das Fahrzeug, mit dem Gérard Larrousse und sein Co-Pilot Jean-Claude Perramond im Januar 1972 auf den 2. Platz der 41. Rallye Monte Carlo fuhren.

An anderer Stelle in diesem Buch wird beschrieben, wie und wo man den Ex-Werkswagen fand, der auch nach dem Monte-Carlo-Einsatz eine interessante Geschichte vorweisen kann, und wie das Fahrzeug in Zusammenarbeit mit ehemaligen Porsche-Mitarbeitern und dem Team von Michael Stoschek wieder in den Originalzustand zurückversetzt wurde, nachdem es im Porsche-Werk zum RSR umgebaut worden war. Am Ende hatte einer der Besitzer sogar ein Glasdach einbauen lassen, wie der Kraftfahrzeug-Brief zeigt. Dass der 911 S/T 2,5 Nr. 0041 zum Beispiel als Versuchsträger für ein von Porsche entwickeltes ABS-System diente, zeigen diverse Details in der Karosserie des Wagens.

Die Vorgaben der FIA, ab dem Baujahr 1972 nur noch Originalfahrzeuge mit Renngeschichte zuzulassen, stellte sich mittlerweile als absolut unrealistisch heraus: Die Originale waren mittlerweile so wertvoll, dass – abgesehen von Michael Stoschek – kein Besitzer daran interessiert war, sein Fahrzeug im Sporteinsatz zu beschädigen oder gar zu Schrott zu fahren. Wenn er überhaupt Rennsport fahren wollte.

Klassensieg bei der Targa Tasmania mit einem 993 GT2.

A 993 GT2 claims victory in its class at the Targa Tasmania.

Als die Starterfelder dramatisch zu schrumpfen drohten, reagierte die FIA schnell. Denn die Kommissare und ihre Entourage wollten sich gern weiterhin eine schöne Woche im Ausland machen. Plötzlich waren keine Originalfahrzeuge mehr gefordert, sondern es war im Gegenteil jede Replika zugelassen, wenn sie nach entsprechendem Umbau die Homologation des gewünschten Typs erfüllte. Damit ist Michael Stoschek vermutlich der einzige Besitzer von Originalfahrzeugen, der sie weltweit in Rennveranstaltungen einsetzt. Da ist der erwähnte S/T, der im Oktober 1971 für die Monte 1972 gebaut wurde, ein IROC-Porsche aus dem Jahr 1973 und zwei SC/RS (Typ 954) aus dem Jahr 1984. Von den 21 im Werk gebauten Porsche 911 S/T wurden zwei Exemplare im Herbst 1971 bei Porsche aufgebaut, um am 21. Januar 1972 an den Start zu gehen. „Neben meinem Fahrzeug noch das Fahrzeug mit der Fahrgestellnummer 0045, mit dem Björn Waldegård teilnahm, aber nach diversen Unfällen aufgeben musste."

Nachdem Michael Stoschek 2006 mit dem ehemaligen Werkswagen die Europameisterschaft gewonnen hatte und in diversen anderen Wettbewerben gestartet war, durfte eine erneute Teilnahme an der Rallye Monte Carlo natürlich nicht fehlen. Für historische Fahrzeuge gibt es seit Jahren die Rallye Monte Carlo Historique und so wurde die Teilnahme an der Ausgabe 2015 vorbereitet. „Das war für den Veranstalter natürlich ein ganz besonderes Ereignis und mein Auto bekam einen Sonderparkplatz unmittelbar neben der Startrampe und obendrein die frühere Startnummer 4", berichtet Michael Stoschek.

„Alle meine Autos werden artgerecht bewegt. Das bedeutet, dass ich sie bei Rallyes und Bergrennen einsetze und die Geländeautos im Dreck, im Schlamm und im Fluss bewegt werden."

Die Bilder aus den Jahren 1972 und 2015 zeigen das identische Fahrzeug vor und nach der Restauration und wie es bei der Monte dieselben Kurven nimmt, im gleichen Driftwinkel mit Zuschauern im Hintergrund. Nachdem Michael Stoschek seinen S/T mittlerweile in mehr als 45 internationalen Veranstaltungen eingesetzt hat, ist die Nummer 0041 sicher der bekannteste 911 S/T überhaupt.

Wenn in Deutschland von historischen Rallyes gesprochen wird, ist immer von Gleichmäßigkeitsveranstaltungen die Rede, bei denen man inzwischen mit einem Durchschnitt von maximal 50 km/h durch Lichtschranken oder über Luftschläuche fahren muss. Das ist Stoscheks Sache nicht. „Außer, man fährt wie bei der Monte Carlo Historique im Schnee, in der Nacht oder im Nebel, wo die Durchschnittsgeschwindigkeit kaum zu schaffen ist und dann wieder der Schnellste, der mit den geringsten Strafzeiten, die Prüfung gewinnt. Während das Fahren auf der Rundstrecke etwas steril und mit zunehmender Streckenkenntnis auch nicht mehr so spannend ist, macht das Fahren auf normal engen und abgesperrten Straßen mit maximalem Tempo unglaublich Spaß, ohne dass man seinen Führerschein riskiert."

Michael Stoschek vergisst nie, wem er seine Erfolge im Sport verdankt. Es ist sein Umfeld, sein Team, das jahrzehntelang die Pferde und die Autos versorgt hat, das ihn im Training und bei den Wettbewerben begleitet hat und mit einer unglaublichen Motivation und Herzblut für den Sport den Chef unterstützt. „Im Sattel sitze ich allein, aber im Rallyeauto hilft mir der Co-Pilot, der nicht nur die Veranstaltung vorbereitet, Strecken und Zeitpläne ausarbeitet, sondern mich während der Fahrt auch mit im richtigen Moment den entscheidenden Informationen über die Strecke versorgt. Wenn man von einem Team begleitet wird, das mit Leidenschaft und Perfektionismus arbeitet, kann man das Team nur mit dem maximalen sportlichen Erfolg belohnen. Dass erzeugt zwar einen gewissen Druck, den ich aber akzeptiere und aus Respekt vor der Leistung meiner Mitarbeiter aushalten muss."

Für seine Leidenschaft zum Sport findet Michael Stoschek noch andere Worte: „Als Unternehmer ist man von der Leistung sehr vieler anderer Menschen abhängig, viele davon kennt man in einem großen Unternehmen noch nicht einmal persönlich. Im Sport ist man für seinen Erfolg viel stärker selbst verantwortlich und deshalb hatte ich dort noch größere Glücksmomente als bei den Erfolgen unseres Unternehmens, solange ich es geführt habe. Wenn zum Beispiel die Nationalhymne zu deinen Ehren erklingt, dann ist das schon sehr bewegend und emotional, das vergisst man nicht mehr."

„Während das Fahren auf der Rundstrecke etwas steril ist, macht das Fahren auf normal engen und abgesperrten Straßen mit maximalem Tempo unglaublich Spaß."

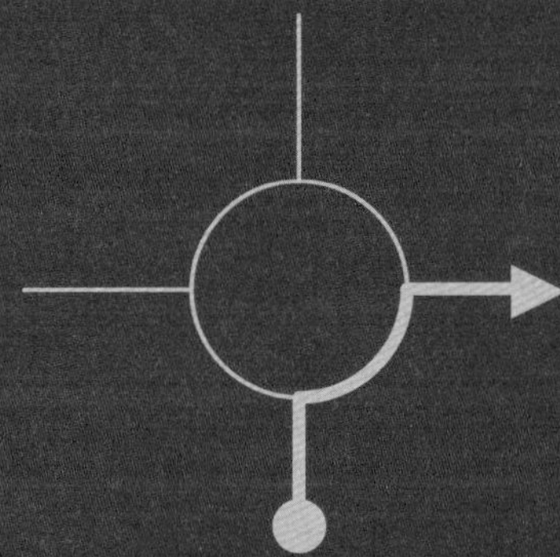

DIE WEGBEGLEITER

Rauno Aaltonen, Nicolas Hässler

Weggefährten berichten – hier mit Rallye-Professor Rauno Aaltonen.

Old friends swap stories – an encounter with Rauno Aaltonen, known as the Rally Professor.

RALLYE-PROFESSOR RAUNO AALTONEN

ÜBER DIE KUNST, DIE STRASSEN ZU DEUTEN

Rauno Aaltonen gehört zweifelsohne zu den Heroes der Rallye-Geschichte – der im finnischen Turku geborene Motorrad-, Motorboot- und Automobilrennfahrer hat sich seine Meriten besonders im Rallyesport erworben, wo sich der 1938 geborene Fahrkünstler zu Recht den Titel „Rallye-Professor“ erarbeitete.

Es würde hier den Platz sprengen, alle seine Siege und Titel aufzuzählen – lassen wir es bei den Siegen bei der RAC-Rallye 1965 und bei der Rallye Monte Carlo 1967 auf den kleinen, eigentlich unterlegenen Mini-Cooper-Modellen, mit denen Aaltonen auch 1965 Rallye-Europameister wurde. Dass der finnische Staat den Einsatz zu würdigen wusste, führte dann auch zur Verleihung des Ordens des Löwen von Finnland Ritter 1. Klasse. Aber das nur nebenbei.

Rauno Aaltonen ist nicht nur ein begnadeter Rallye-Fahrer, sondern auch ein faszinierender Instruktor, der bereits während seiner professionellen Rallye-Karriere für Fahrsicherheitstrainings und als Fahrzeugtester sowie Autor für Fachmagazine tätig war und noch immer tätig ist. Er konzipierte das BMW-Fahrertraining, das unter der Leitung von Boerries von Breitenbuch Maßstäbe für alle Fahrertrainings-Veranstaltungen auf Asphalt, Schnee und Eis setzen sollte. Darüber hinaus war er als Berater und Testfahrer verschiedener Rallye-Werksteams tätig, unter anderen über viele Jahre hinweg für Nissan und die Opel Motorsport-Abteilung.

Kurz gesagt: Es waren mittlerweile tausende von Fahrern und Fahrerinnen, die rund um die Welt zuhörten, wie er mit launigen Worten und von unzähligen Anekdoten gewürzt – aber stets überaus akribisch – die Technik des Rallyefahrens erklärt, um sie dann anschließend auch am Volant vorzuführen. Nicht so bekannt ist, dass Aaltonen auch im Winter im heimischen Finnland die Technik des Snowmobile-Fahrens vermittelt.

„Das Wetter, das Licht, die Oberfläche, die Haftung – im Rennmodus wird das alles zu einem Paket, in dem Denken und Fahren verschmelzen.“
Rauno Aaltonen

Man nennt ihn nicht umsonst den Professor: Rauno Aaltonen hat Rallye-Fahren immer als Wissenschaft gesehen.

They don't call him the Professor for nothing: Rauno Aaltonen has always regarded rally driving as a science.

„Eine Sportart, bei der gerne unterschätzt wird, dass sie – wenn man längere Strecken schnell unterwegs ist – physisch sehr anstrengend ist. Viele Fahrer neigen dazu, nach den ersten 50, 60 Kilometern unkonzentriert zu werden. Die Folgen kann man sich ausdenken."

Bei einer dieser Snowmobil-Reisen haben sich auch die Familie Stoschek und Rauno Aaltonen kennengelernt. Michael Stoschek wollte mit Frau und Sohn den hohen Norden mit ewigem Schnee und Eis kennenlernen und Rauno Aaltonen bot sich zwangsläufig als Instruktor an. Die Familie muss einen guten Eindruck hinterlassen haben – Rauno erinnert sich: „Michael war sofort schnell – und das den ganzen Tag lang, von 9 bis 17 Uhr. Die Chemie zwischen uns stimmte sofort."

Später kamen dann noch weitere Begegnungen dazu – und Rauno lernte den ehrgeizigen Rallye-Fahrer Stoschek noch besser kennen: „Er war ein guter Schüler, konnte zuhören und Ratschläge umsetzen – was ja auch seine späteren Siege und Titel bestätigen. Mir fiel immer wieder auf, wie schnell er denken kann und dass Michael mit viel Intelligenz fährt."

Nun trägt Rauno Aaltonen ja nicht umsonst den Titel „Rallye-Professor", deswegen gestalten sich Gespräche mit ihm auch stets anders, als man sie eigentlich erwartet. Rauno Aaltonen: „Es ist ein großes Missverständnis zu glauben, dass es einen Modus Autofahren gibt. Natürlich muss man die Bewegungsabläufe perfektionieren. Lenken, Schalten, Kuppeln, Gas geben, Bremsen – das findet alles im Idealfall im Unterbewussten statt. Automatisiert. Sehr gute Fahrer können Straßen aber nicht nur sehen, sondern auch deuten. Das Wetter, das Licht, die Oberfläche, die Haftung – im Rennmodus wird das alles zu einem Paket, in dem Denken und Fahren verschmelzen. Das sind dann die Sieger."

Natürlich hatte Rauno Aaltonen unter den tausenden von Menschen, die durch ihn ihr Fahrkönnen verbesserten, nur wenige Teilnehmer, die am Ende des Tages um Siege und Titel fuhren. Das ist auch nicht die Aufgabe von Fahrsicherheitstrainings – „aber ich habe auch ein paar sehr guten Fahrern noch den einen oder anderen Tipp geben können. Und wenn das bei Michael Stoschek der Fall gewesen sein sollte, würde mich das freuen."

Charmant und witzig: Rauno Aaltonen im Gespräch mit dem Ehepaar Stoschek.

Charm and wit: Rauno Aaltonen in conversation with Michael Stoschek and his wife.

NICOLAS HÄSSLER
ZIEMLICH BESTE KONKURRENTEN

Nicolas Hässler ist nicht nur Finanzdienstleister, sondern auch Präsident des Porsche Club Oberfranken. Nebenbei besitzt er auch einige schöne Elfer, darunter einen 993 RSR Replica. Und als erfolgreicher Motorsportler („die meisten Rallyes im Umkreis von 150 Kilometern habe ich schon einmal gewonnen“) kennt er auch den neuen 911 S/T, den er natürlich bereits gefahren hat: „Das ist eine komplett neue Art und Weise der Fahrdynamik. Was Porsche da gebaut hat, kann auch ein Laie fast an den Grenzbereich führen, ohne dass er sich in Gefahr begibt. Und das ist eine Ingenieursleistung allerhöchster Güte.“

Mindestens genauso sehr schätzt er jedoch die alten Elfer. „Ich liebe es, alte Autos zu fahren“, gesteht Hässler. „Mit ihnen kann man noch zeigen, was man am Steuer kann, da macht keine permanent anwesende Elektronik dauernd auf sich aufmerksam. Und wenn man aussteigt, dann zaubern einem die vergangenen Stunden ein Grinsen ins Gesicht und man ist mit sich und der Welt zufrieden.“

Seit 25 Jahren ist Nicolas Hässler nun der Präsident des Porsche Club Oberfranken, eines der fünf größten Porsche Clubs der Republik, und berichtet stolz: „Wir werden vom Porsche Club Deutschland gern als der Vorzeige-Club präsentiert, da wir auf eine gute und vertrauensvolle Zusammenarbeit großen Wert legen.“ Über die Jahre und Jahrzehnte ist daraus auch eine große Freundschaft zu Michael Stoschek entstanden. Eine Freundschaft, bei der auch ein gewisses Maß an Bewunderung mitschwingt: „Es geht dabei nicht nur um die erstaunliche Leistung, eine weltweite Firma aufzubauen, sondern auch um den Menschen Michael Stoschek, der immer ein interessanter Gesprächspartner und Wegbegleiter ist.“

Nicolas Hässler und Michael Stoschek bilden eine interessante Melange aus Konkurrenz und Freundschaft, basierend auf der Gemeinsamkeit einer unerschütterlichen Porsche-Affinität. Sie kennen sich und sie helfen einander, obwohl man bei jeder Rallye natürlich auch im Wettbewerb miteinander steht. Wettbewerb ja, aber bitte auf Augenhöhe.

„Wenn man aus einem alten Elfer aussteigt, dann zaubern die vergangenen Stunden ein Grinsen ins Gesicht."

Nicolas Hässler

Nicolas Hässler und Michael Stoschek bilden eine interessante Melange aus Konkurrenz (bei Rallyes) und Freundschaft im Leben.

Nicolas Hässler and Michael Stoschek enjoy an interesting blend of competitiveness (in rallies) and friendship in life.

www.porsche-bamberg.de
Porsche Zentrum Bamberg
2
Renn-Reifen.de
KASPERSKY
BA HN 9
brose
GELDER SORG

„Der 911 SC/RS war der lauteste Elfer, den ich je gehört hatte – Michael lieh ihn mir zu meiner Hochzeit."
Nicolas Hässler

Hässler erklärt: „Ich komme eigentlich von der Rundstrecke, da ist gegenseitige Hilfe ein schwieriges Thema. Und es hat mich bei den ersten Rallye-Einsätzen wirklich begeistert, dass der Zusammenhalt sich hier auf einem ganz anderen Niveau bewegt. Ich erinnere mich, dass Michael mir damals eine Info gesteckt hat, dass es dort hinten, an dem einen Eck, immer etwas glatt ist. Ich bin an dieser Stelle dann bewusst etwas langsamer gefahren und hinter mir ist das eine oder andere Team im Acker gelandet."

Was Nicolas Hässler ebenfalls sehr schätzt, ist die Art und Weise, mit der Michael Stoschek seine Preziosen bewegt. Darüber hat er sich auch im Vorfeld unseres Gesprächs einige Gedanken gemacht und führt aus: „Man muss ja ganz klar sagen, dass er mit seinen Fahrzeugen hohe Werte am Limit bewegt, aber Michael ist einer von den ganz, ganz wenigen Fahrern, der seine Autos artgerecht nutzen kann und das auch tatsächlich tut. Und dafür verdient er meinen größten Respekt. Noch dazu macht er das richtig gut. Das sage ich jetzt nicht, um ihm zu schmeicheln, das ist überhaupt nicht meine Intention. Aber er macht praktisch nichts kaputt und fährt mit seinen Autos wirklich zügig auf einem Niveau, wie es nur wenige mit Fahrzeugen dieser Preisklasse machen. Und dafür kann ich mich jedes Mal erneut begeistern."

Das erste Treffen von Hässler und Stoschek fand vor mehr als 20 Jahren bei einem Slalom-Wettbewerb statt, bei dem Nicolas Hässler die Pylonen aufstellte und ein Mann hinter ihm herlief und sie umstellte. Das war Michael Stoschek, der ihm dann erklärte, warum sie seiner Meinung nach anders aufgebaut werden sollten. So lernten sich die beiden kennen. „Ich habe die Pylonen dann wieder zurückgestellt, was unserer Freundschaft aber keinen Abbruch getan hat. Im Gegenteil, er kann auch andere Meinungen vertragen."

Dass Michael Stoschek auch außergewöhnliche Wünsche erfüllen kann, zeigte sich dann im Jahr 2004, als Nicolas Hässler heiratete. Er wünschte sich von Stoschek eine Fahrt mit dem legendären 911 SC/RS, von denen Prodrive acht Exemplare baute und die sie zusammen mit Sponsor Rothmans und den Fahrern Henri Toivonen und Saeed Al-Hajri erfolgreich einsetzten. Stoschek kam nach Bamberg und fuhr dort zur Kirche – auf Wunsch von Hässler mit offenem Auspuff. „Das war der lauteste Elfer, den ich je gehört hatte. Wir haben oben am Michaelsberg geheiratet. Das ist ziemlich weit oben, denn Bamberg ist ja auf sieben Hügeln erbaut. Also hat ganz Bamberg zugehört, als ich mit meiner Frau dort oben eine Runde im Rothmans fuhr. Das sind Erlebnisse, die man nie mehr vergisst."

Nicolas Hässler – Präsident des Porsche Club Oberfranken – mit einem Porsche 993 RSR immer wieder Sieger bei nationalen Rallyes.

Nicolas Hässler, President of the Porsche Club of Upper Franconia, is a regular winner at national rallies with a Porsche 993 RSR.

PORSCHE

Porsche Classic GmbH

Porsche Classic GmbH · Porschestr. 15–19 · 7140 Ludwigsburg

B E S T Ä T I G U N G

Ihre Zeichen Ihre Nachricht vom Unsere Zeichen, Durchwahl: Tel. Fax Datum

10.3.1994

Das Fahrzeug mit der Fahrgestellnummer 911 230 0041 wurde am 1.9.1971 wie folgt von unserem Werk ausgeliefert:

Ausführung:	Porsche 911 S 2,5 l Rallye
Motornummer:	6622xxx
Motortyp:	911/70
Produktions-Nr.:	1020 681
Farbe/Code:	Blutorange / 2323
Innenausstattung:	Kunstleder schwarz/feinstperforiert
Sonderausstattung:	Rennversion (siehe beil.Infoblatt)
Händler/Importeur:	Eigenbedarfsfahrzeug der Porsche AG
Zulassung:	S-AK 1336 Larousse Rallye Monte Carlo 1972

Kurt Burk Ingrid Meyer

Sitz der Gesellschaft: Ludwigsburg
Registergericht: Heilbronn, HRB 1116 Bes.
Telefon (0 71 41) 39-86 01 – 86 05, Telefax (0 71 41) 39-86 00

Geschäftsführer:
Jochen Hollmann

Bankverbindung:
Landesgirokasse Stuttgart
BLZ 600 501 01, Kto.-Nr. 2 688 200

EIN UNWAHRSCHEINLICHER FUND

Wie der 911 S/T von Gérard Larrousse wieder aus der Vergessenheit ans Licht der Öffentlichkeit kam

Am 10. März 1994 bestätigt die Porsche Classic GmbH: Die Fahrgestell-Nummer 911 230 0041 gehört zu dem Larrousse Monte Carlo-Werkswagen.

On March 10, 1994, Porsche Classic GmbH confirmed that chassis number 911 230 0041 belonged to the Larrousse Monte Carlo works car.

„Heute kann man es sich nicht mehr vorstellen, aber 1993 beschloss die Fédération International de l'Automobile (FIA) unter der Führung von Max Mosley tatsächlich, dass die Bewerber bei einer Historischen Meisterschaft mit Original-Fahrzeugen anzutreten hätten." Michael Stoschek war rasch klar, dass diese Entscheidung zu einem geschrumpften Teilnehmerfeld führen würde. „Erstens waren Original-Fahrzeuge schon damals rar und zweitens musste man sich zweimal überlegen, ob man wirklich historisch wertvolle und entsprechend teure Fahrzeuge im Rennsport einsetzen und den Strapazen unterziehen sollte."

Er machte sich dennoch auf die Suche nach einem entsprechenden Porsche 911, denn ein Elfer sollte es schon sein. Aber es dauerte seine Zeit, bis Michael Stoschek von einem der raren Rallye-Elfer hörte – er sollte bei Dietmar Zinser, einem auf Porsche-Ersatzteile spezialisierten Händler im schwäbischen Sulz am Neckar, stehen.

Michael Stoschek und Dietmar Zinser bei der Sichtung der Unterlagen des 911 S/T von Gérard Larrousse.

Michael Stoschek and Dietmar Zinser review the documents associated with Gérard Larrousse's 911 S/T.

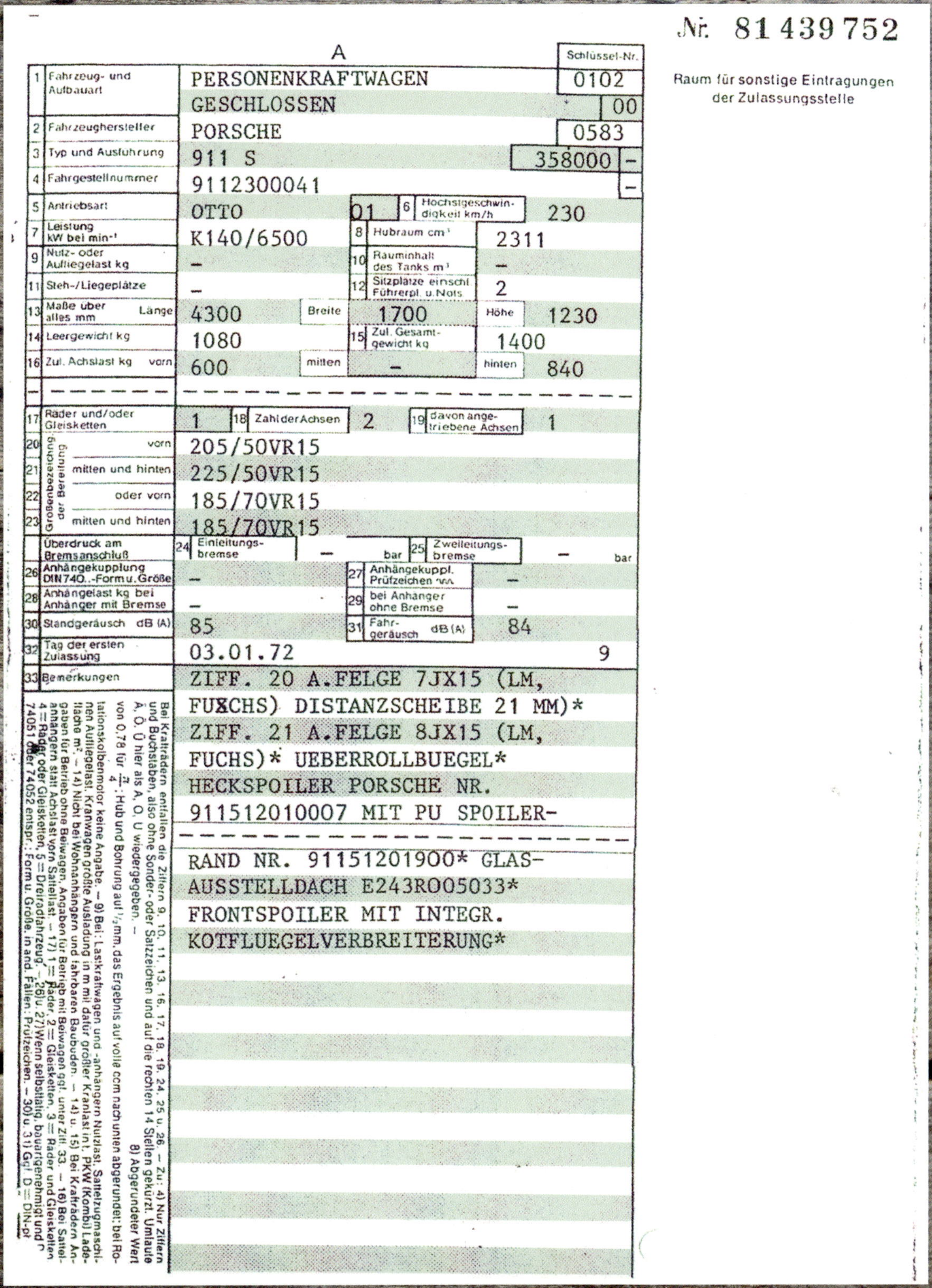

Nr. 81 439 752

Raum für sonstige Eintragungen der Zulassungsstelle

A

Nr.	Feld	Eintrag	Schlüssel-Nr.
1	Fahrzeug- und Aufbauart	PERSONENKRAFTWAGEN GESCHLOSSEN	0102 / 00
2	Fahrzeughersteller	PORSCHE	0583
3	Typ und Ausführung	911 S	358000 –
4	Fahrgestellnummer	9112300041	–
5	Antriebsart	OTTO	01
6	Höchstgeschwindigkeit km/h	230	
7	Leistung kW bei min⁻¹	K140/6500	
8	Hubraum cm³	2311	
9	Nutz- oder Aufliegelast kg	–	
10	Rauminhalt des Tanks m³	–	
11	Steh-/Liegeplätze	–	
12	Sitzplätze einschl. Führerpl. u. Nots.	2	
13	Maße über alles mm: Länge / Breite / Höhe	4300 / 1700 / 1230	
14	Leergewicht kg	1080	
15	Zul. Gesamtgewicht kg	1400	
16	Zul. Achslast kg: vorn / mitten / hinten	600 / – / 840	
17	Räder und/oder Gleisketten	1	
18	Zahl der Achsen	2	
19	davon angetriebene Achsen	1	
20	Größenbezeichnung der Bereifung vorn	205/50VR15	
21	mitten und hinten	225/50VR15	
22	oder vorn	185/70VR15	
23	mitten und hinten	185/70VR15	
24	Überdruck am Bremsanschluß: Einleitungsbremse	– bar	
25	Zweileitungsbremse	– bar	
26	Anhängekupplung DIN 740..-Form u. Größe	–	
27	Anhängekuppl. Prüfzeichen	–	
28	Anhängelast kg bei Anhänger mit Bremse	–	
29	bei Anhänger ohne Bremse	–	
30	Standgeräusch dB (A)	85	
31	Fahrgeräusch dB (A)	84	
32	Tag der ersten Zulassung	03.01.72	9

33 Bemerkungen

ZIFF. 20 A.FELGE 7JX15 (LM, FUCHS) DISTANZSCHEIBE 21 MM)*
ZIFF. 21 A.FELGE 8JX15 (LM, FUCHS)* UEBERROLLBUEGEL*
HECKSPOILER PORSCHE NR. 911512010007 MIT PU SPOILER-
RAND NR. 91151201900* GLAS-
AUSSTELLDACH E243R005033*
FRONTSPOILER MIT INTEGR.
KOTFLUEGELVERBREITERUNG*

Bei Krafträdern entfallen die Ziffern 9, 10, 11, 13, 16, 17, 18, 19, 24, 25 u. 26. – Zu: 4) Nur Ziffern und Buchstaben, also ohne Sonder- oder Satzzeichen und auf die rechten 14 Stellen gekürzt. Umlaute Ä, Ö, Ü hier als A, O, U wiedergegeben. – 8) Abgerundeter Wert von 0,78 für π/4; Hub und Bohrung auf 1/10 mm, das Ergebnis auf volle ccm nach unten abgerundet; bei Rotationskolbenmotor keine Angabe. – 9) Bei: Lastkraftwagen und -anhängern Nutzlast, Sattelzugmaschinen Aufliegelast, Kranwagen größte Ausladung in m mit dafür größter Kranlast in t, PKW (Kombi) Ladefläche m². – 14) Nicht bei Wohnanhängern und fahrbaren Baubuden. – 14) u. 15) Bei Krafträdern Angaben für Betrieb ohne Beiwagen, Angaben für Betrieb mit Beiwagen ggf. unter Ziff. 33. – 16) Bei Sattelanhängern statt Achslast vorn Sattellast. – 17) 1 = Räder, 2 = Gleisketten, 3 = Räder und Gleisketten, 4 = Räder oder Gleisketten, 5 = Dreiradfahrzeug. – 26 u. 27) Wenn selbständig, bauartgenehmigt und 74051 oder 74052 entspr.: Form u. Größe, in and. Fällen: Prüfzeichen. – 30) u. 31) Ggf. D = DIN-pl

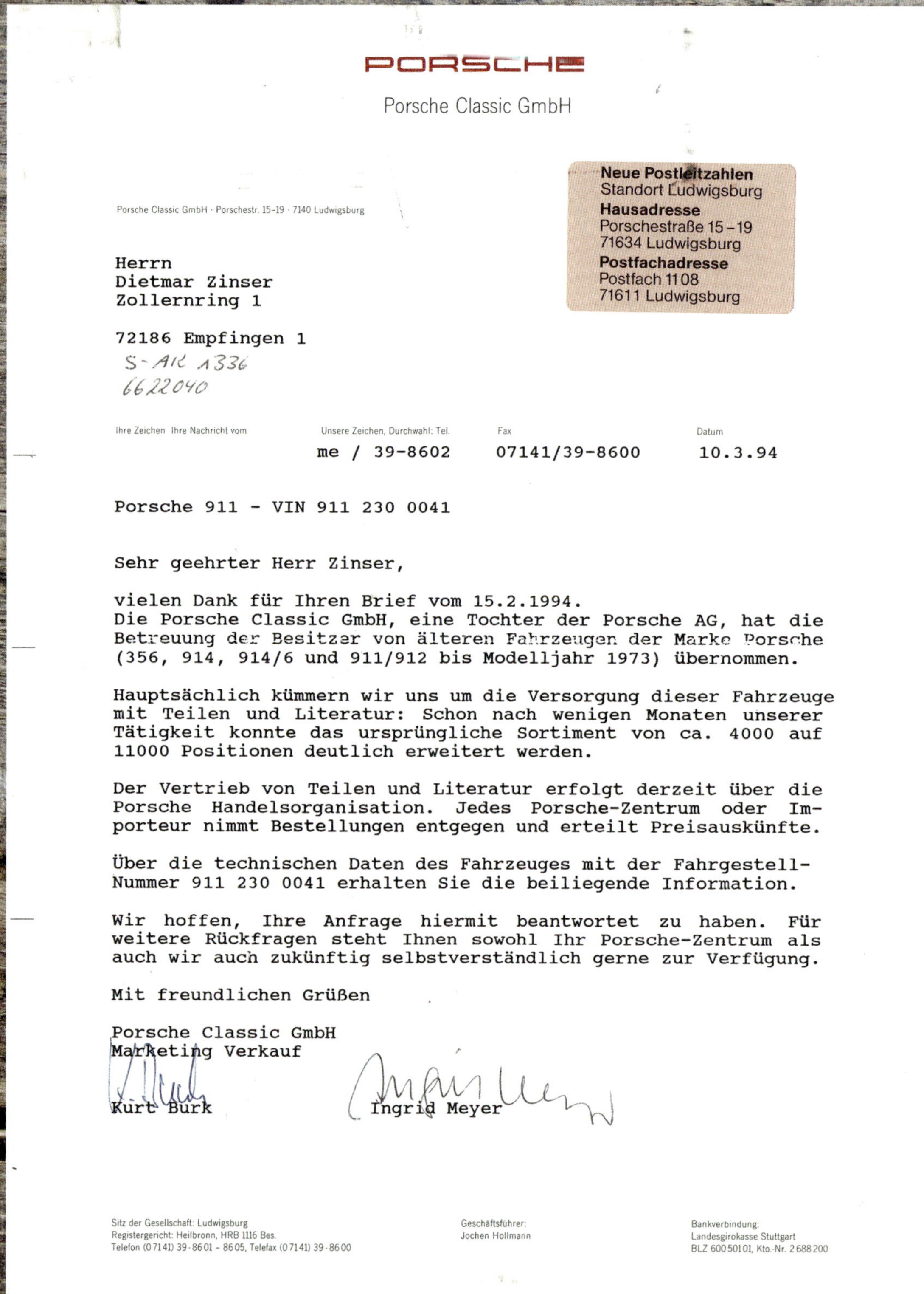

PORSCHE

Porsche Classic GmbH

Porsche Classic GmbH · Porschestr. 15–19 · 7140 Ludwigsburg

Neue Postleitzahlen
Standort Ludwigsburg
Hausadresse
Porschestraße 15 – 19
71634 Ludwigsburg
Postfachadresse
Postfach 1108
71611 Ludwigsburg

Herrn
Dietmar Zinser
Zollernring 1

72186 Empfingen 1

S-AK 1336
6622040

Ihre Zeichen	Ihre Nachricht vom	Unsere Zeichen, Durchwahl: Tel.	Fax	Datum
		me / 39-8602	07141/39-8600	10.3.94

Porsche 911 - VIN 911 230 0041

Sehr geehrter Herr Zinser,

vielen Dank für Ihren Brief vom 15.2.1994.
Die Porsche Classic GmbH, eine Tochter der Porsche AG, hat die Betreuung der Besitzer von älteren Fahrzeugen der Marke Porsche (356, 914, 914/6 und 911/912 bis Modelljahr 1973) übernommen.

Hauptsächlich kümmern wir uns um die Versorgung dieser Fahrzeuge mit Teilen und Literatur: Schon nach wenigen Monaten unserer Tätigkeit konnte das ursprüngliche Sortiment von ca. 4000 auf 11000 Positionen deutlich erweitert werden.

Der Vertrieb von Teilen und Literatur erfolgt derzeit über die Porsche Handelsorganisation. Jedes Porsche-Zentrum oder Importeur nimmt Bestellungen entgegen und erteilt Preisauskünfte.

Über die technischen Daten des Fahrzeuges mit der Fahrgestell-Nummer 911 230 0041 erhalten Sie die beiliegende Information.

Wir hoffen, Ihre Anfrage hiermit beantwortet zu haben. Für weitere Rückfragen steht Ihnen sowohl Ihr Porsche-Zentrum als auch wir auch zukünftig selbstverständlich gerne zur Verfügung.

Mit freundlichen Grüßen

Porsche Classic GmbH
Marketing Verkauf

Kurt Burk   Ingrid Meyer

Sitz der Gesellschaft: Ludwigsburg
Registergericht: Heilbronn, HRB 1116 Bes.
Telefon (07141) 39-8601 – 8605, Telefax (07141) 39-8600

Geschäftsführer:
Jochen Hollmann

Bankverbindung:
Landesgirokasse Stuttgart
BLZ 600 501 01, Kto.-Nr. 2 688 200

TECHNISCHE DATEN

PORSCHE 911 S WETTBEWERBSAUSFÜHRUNG

FAHRGESTELL

Rahmen:	Karosserie mit Rahmenboden verschweisst
Radaufhängung:	vorn Einzelradaufhängung an Dreiecksquerlenkern und Dämpferbeinen, hinten Einzelradaufhängung an Längslenkern
Ferderung und Dämpfung:	längsliegende Drehstäbe, Dämpferbeine hinten querliegende Drehstäbe, doppelwirkende hydraulische Teleskopstossdämpfer
Stabilisatoren:	vorn und hinten, auswechselbar
Lenkung:	Zahnstangenlenkung, Übersetzung 1:17,8 in der Mitte, 2 3/4 Umdrehungen von Anschlag zu Anschlag
Bremse:	hydraulisch betätigte Scheibenbremsen an allen Rädern, Zweikreissystem, vorderer und hinterer Kreis getrennt, Sportbremsbeläge und Racing-Bremsflüssigkeit
Räder:	geschmiedete Leichtmetall-Räder, 15" Ø, Felgenbreite vorn 7", hinten 9"
Reifen:	Rennreifen vorne 4.75/1o.oo-15 (97o) hinten 4.3o/11.6o-15 (97o)

GETRIEBE UND HINTERACHSE

Bauart:	5-Gang-Getriebe mit Ausgleichsgetriebe in einem Gehäuse, alle Radpaare austauschbar
Gangzahl:	5 Vorwärts-, 1 Rückwärtsgang
Synchronisierung:	Porsche-Ringsynchronisierung
Übersetzungen:	je nach Rennstrecke
Schaltungsart:	Knüppelschaltung mit Gestängebetätigung
Ausgleichsgetriebe:	spiralverzahnte Kegelräder, Lamellen-Sperrdifferential
Achsantrieb:	Doppelgelenkwellen mit Längenausgleich

Karosserie

Aufbau wie Serie 911, Kotflügelverbreiterung, Schalensitze, vereinfachte Innenausstattung

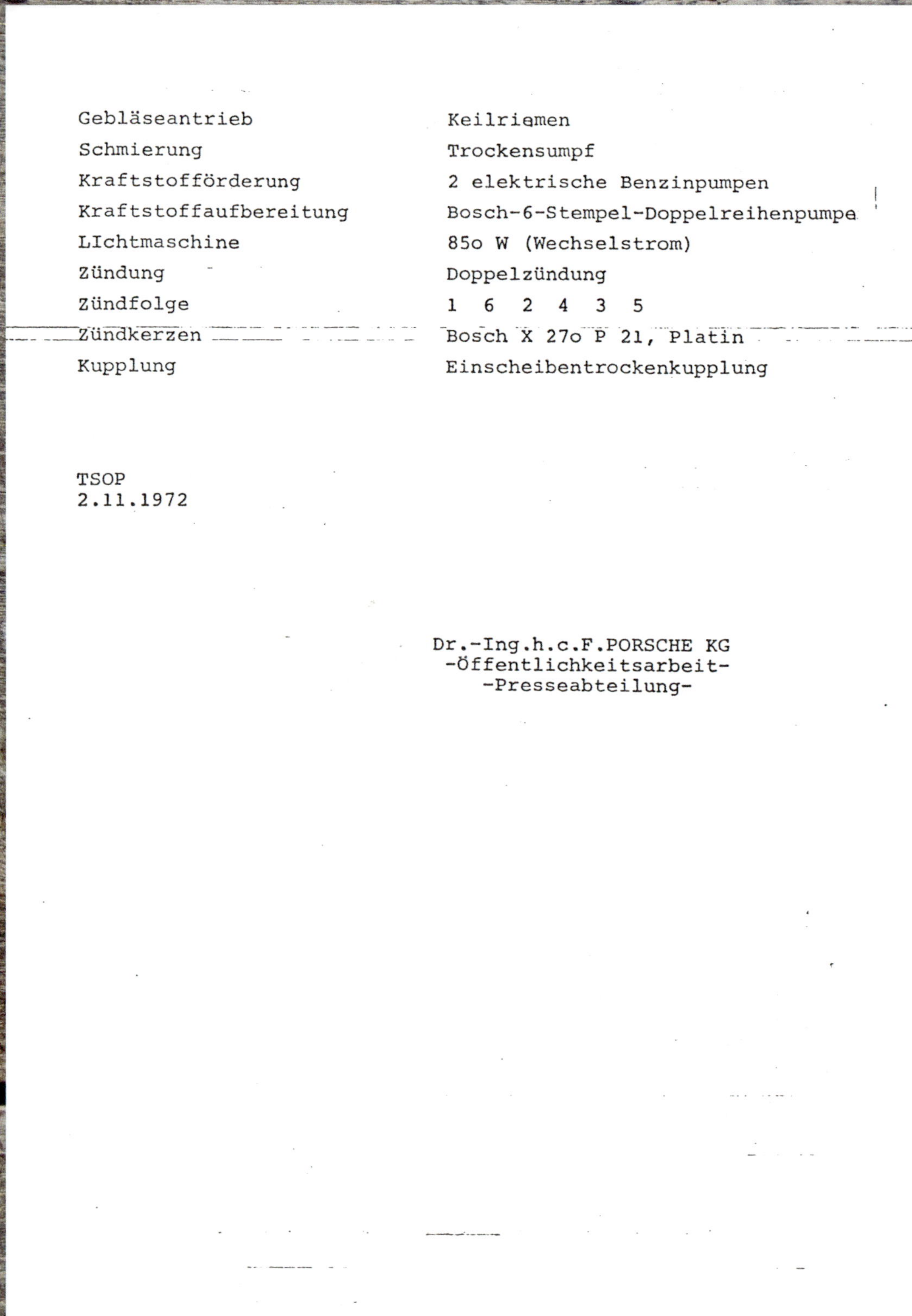

Gebläseantrieb	Keilriemen
Schmierung	Trockensumpf
Kraftstofförderung	2 elektrische Benzinpumpen
Kraftstoffaufbereitung	Bosch-6-Stempel-Doppelreihenpumpe
LIchtmaschine	85o W (Wechselstrom)
Zündung	Doppelzündung
Zündfolge	1 6 2 4 3 5
Zündkerzen	Bosch X 27o P 21, Platin
Kupplung	Einscheibentrockenkupplung

TSOP
2.11.1972

Dr.-Ing.h.c.F.PORSCHE KG
-Öffentlichkeitsarbeit-
-Presseabteilung-

Abmessungen		Füllmengen	
Radstand	2271 mm	Kraftstofftank	11o Ltr.
Spurweite vorn	14o2 mm	Öltank	8 Ltr.
hinten	1421 mm	Getriebe	2,5 Ltr.
Länge	4147 mm	Bremsflüssigkeit	o,3 Ltr.
Breite	161o mm		
Höhe	13oo mm		
Bodenfreiheit	13o mm		
Kleinster Wendekreis	1o,7 m		

Gewicht		Höchstgeschwindigkeit
fahrfertig, ohne Benzin u. Fahrer	96o kg	ca. 25o/km/h je nach Übersetzung

Leistungsgewicht ca. 3,5 kg/PS

Motor Typ	911/7o (911 S Wettbewerbsausführung)
Zylinderzahl	6
Bohrung (mm)	86,7
Hub (mm)	7o,4
Hubraum (cm^3)	2492
Verdichtungsverhältnis	1o,3 : 1
Motorleistung (PS-DIN)	ca. 27o
bei Drehzahl (U/min)	8ooo
max. Drehmoment (mkp)	26,5
bei Drehzahl (U/min)	63oo
Literleistung (PS/l)	ca. 1o9
Motorgewicht (kp)	172
Leistungsgewicht (kp/PS)	ca. o,64
Bauart	4-Takt-Otto, Boxer
Kühlung	Luft
Kurbelgehäuse	Magnesium, Druckguss
Zylinder	Chromal
Zylinderkopf	Leichtmetall
Anordnung der Ventile	V-förmig, hängend, 1 Einlass 1 Auslass pro Zyl.
Ventilsteuerung	je 1 obenliegende Nockenwelle pro Reihe
Nockenwellenantrieb	kette
Nockenwellenlagerung	Gleitlager
Kurbelwelle	Stahl, geschmiedet
Kurbelwellenlagerung	8 Gleitlager
Pleuel	Stahl, geschmiedet
Pleuellagerung	Gleitlager

Solupta saeratin porita sit volupta voloruptata autem sel imus sim et quo

Zinser hatte 1993 die mehrfach umgebaute Karosserie preisgünstig erworben, deren Fahrgestellnummer er anhand eines Buchs über Porsche-Rennwagen einem Porsche-Werkswagen zuordnen konnte. Am 10. März 1994 ließ er sich von der Porsche Classic GmbH die Originalität der Fahrgestellnummer 911 230 0041 bestätigen – er wusste nun, dass auf seinem Hof die stark strapazierten Überreste des Wagens von Gérard Larrousse der Rallye Monte Carlo 1972 standen. Und Dietmar Zinser beschloss, diesen Fund in den nächsten Jahren selbst zu restaurieren und seiner Sammlung klassischer Porsche-Modelle hinzuzufügen. Womit er nicht gerechnet hatte: Wie viel Zeit der Aufbau seiner eigenen Firma kostete und wie zeitintensiv die Restaurierung gewesen wäre.

„Der Wagen war in einem bedauernswerten Zustand – aber es war ein Original-Werkswagen."
Michael Stoschek

Deshalb beschloss Dietmar Zinser 1998, sich von seiner Rarität zu trennen und machte sich auf die Suche nach einem solventen Käufer. So meldete er sich im Büro von Michael Stoschek, der nicht lange zögerte – bereits am nächsten Vormittag standen er und sein damaliger Chefmechaniker Klaus Wagner in Zinsers Werkstatt in Sulz am Neckar. Der Anblick war erschütternd: Die Karosserie hatte weder Motor noch Getriebe und die Türen und Hauben fehlten ebenfalls. Dafür fanden sich ein Schiebedach und Kotflügel-Verbreiterungen, die mit einiger Wahrscheinlichkeit vom letzten Einsatz beim Criterium des Cévennes stammten, als der Wagen auf breitere Reifen umgerüstet wurde.

Michael Stoschek: „Der Wagen war in einem bedauernswerten Zustand – aber es war ein Original-Werkswagen." Nachdem man sich anhand der von Porsche gelieferten Urkunden von der Originalität überzeugt hatte, stand einer Einigung über den Erwerb der Karosserie nichts mehr im Weg.

Und so gelangte 1998 einer der beiden ersten im Herbst 1971 gebauten 911 S/T mit der Produktionsnummer 1020 681 nach Coburg, wo sich Michael Stoschek zuerst einmal an Wendelin Wiedeking, den damaligen Vorstandsvorsitzenden von Porsche, wandte und ihn bat, ihm bei der Wiederauferstehung des Ex-Larrousse-Wagens mit Rat und Tat des Unternehmens zu helfen. Wiedeking sagte die Unterstützung zu und man fand zwei Mechaniker, die den Wagen bereits 1971 mit aufgebaut hatten. Hinzu kam die tatkräftige Unterstützung von Jürgen Barth, der die Monte Carlo 1972 im Auftrag des Werks begleitet hatte und nun

Um die Restaurierung perfekt realisieren zu können, bat Michael Stoschek den Porsche-Vorstandsvorsitzenden Wendelin Wiedeking um Unterstützung.

Aiming to achieve a perfect restoration, Michael Stoschek turned to Porsche CEO Wendelin Wiedeking for support.

Michael Stoschek

**Geschäftsführender Gesellschafter
der Brose-Unternehmensgruppe**

Herrn
Dr. Wendelin Wiedeking
Vorsitzender des Vorstands
Dr. Ing. h.c.F. Porsche AG

79435 Stuttgart-Zuffenhausen

23.02.99

**Wiederaufbau des Porsche 911 2,5 l, Fahrgestell-Nr. 911 230 00 41,
ex Larousse Monte Carlo 1972**

Sehr geehrter Herr Dr. Wiedeking,

ich habe die Basis des o.g. Fahrzeuges erworben und beabsichtige, im Laufe d.J. dieses außerordentlich interessante und berühmte historische Wettbewerbsfahrzeug Ihres Hauses in neuwertigen Zustand aufzubauen. Mein Ziel besteht darin, den Wagen technisch und optisch in sämtlichen Details in absoluten Originalzustand zu versetzen, wobei die technische Performance die Vorgabe hat, bei den bekanntesten internationalen historischen Wettbewerben wie Tour Auto, Rallye Tasmania, Rallye Köln-Ahrweiler, etc. Anwärter für den Gesamtsieg zu sein.

Die außerordentlich umfangreiche und aufwendige Vorbereitung und Durchführung des Projekts erfordert insbesondere Know-how. So haben wir die noch aktiven bzw. in Ruhestand befindlichen Mitarbeiter ausfindig gemacht, die im Herbst 1971 die beiden Werkswagen für Gérard Larousse und Björn Waldegaard vorbereitet und während der Rallye Monte Carlo im Jahr 1972 betreut haben.

Damit diese Herren, soweit sie noch aktiv sind, Interesse an diesem Projekt bekunden bzw. um an der einen oder anderen Stelle fachliche und technische Unterstützung für dieses Projekt zu erhalten, möchte ich Sie sehr herzlich um Ihre persönliche Fürsprache bitten. Insbesondere Herr Jürgen Barth, der das Projekt kennt, könnte uns nach einem „kleinen Wink von oben" erheblich mit seinem Wissen hilfreich sein.

Ich bin fest davon überzeugt, daß es für Ihr Haus eine ganz besondere Dokumentation der jahrzehntelangen technischen Kompetenz Ihrer Fahrzeuge bedeutet, wenn dieses einmalige Wettbewerbsauto wieder auf den großen internationalen Veranstaltungen im Rampenlicht steht.

Ich freue mich auf Ihre Unterstützung und lege Ihnen von dem Fahrzeug drei Fotos bei, um deren Rückgabe ich Sie bitte.

Mit besten Grüßen

Ihr M. Stoschek

Anlage

**Ketschendorfer Str. 38-50
D-96450 Coburg**

**Telefon (0 95 61) 21 12 11
Telefax (0 95 61) 21 15 92**

PORSCHE

Dr. Ing. h.c. F. Porsche Aktiengesellschaft · Postfach 1140 · 71283 Weissach

Herrn
Michael Stoschek
Geschäftsführender Gesellschafter
der Brose-Unternehmensgruppe
Ketschendorfer Straße 38-50

98450 Coburg

Dr. Ing. h. c. F. Porsche
Aktiengesellschaft
Porschestraße
71287 Weissach
Telefon (07 11) 9 11-0
Telefax (07 11) 9 11-25 55

Ihre Zeichen Ihre Nachricht vom	Unsere Zeichen, Durchwahl; Tel.	Fax	Datum
	E..1-Ho-op 0711 911 4015	0711 911 2333	19.3.1999

Sehr geehrter Herr Stoschek,

besten Dank für Ihr freundliches Schreiben vom 23.2.1999, das Sie an Herrn Dr. Wiedeking gerichtet hatten und das der Zuständigkeit halber an die Entwicklung weitergeleitet wurde.

Wir freuen uns natürlich, wenn historische Fahrzeuge restauriert werden, um dann wieder an Wettbewerben teilnehmen zu können.

Herr Jürgen Barth, Telefon 0711 911 4115, wurde von uns informiert und wird Ihnen gerne mit Rat und Tat zur Seite stehen.

Wir wünschen Ihnen bei der Restaurierung des Fahrzeuges und dann bei den historischen Wettbewerben viel Erfolg.

Mit freundlichen Grüßen

Dr.Ing.h.c.F.Porsche
Aktiengesellschaft
Assistent von Herrn Horst Marchart

G. Horsch

F.E.0005-W-98.06

Dr. Ing. h. c. F. Porsche Aktiengesellschaft
Sitz der Gesellschaft: Stuttgart
Registergericht:
Amtsgericht Stuttgart HRB-Nr. 5211

Vorsitzender des Aufsichtsrats:
Prof. Dr. Helmut Sihler

Vorstand: Dr.-Ing. Wendelin Wiedeking, Vorsitzender
Holger P. Härter, Harro Harmel, Michael Macht,
Horst Marchart, Hans Riedel

Mit der Antwort von Porsche war gesichert, dass man mit der Unterstützung des Stuttgarter Unternehmens rechnen konnte.

gebeten wurde, die Beteiligten beim Aufbau mit Rat und Tat zu unterstützen.

Diese Unterstützung war elementar, denn jedes noch so kleine Detail der ursprünglichen Anweisungen – im vorliegenden Buch ab Seite 15 beschrieben – sollte so umgesetzt werden, wie seinerzeit vorgesehen.

Bei der Restaurierung entdeckte man aber auch zahlreiche Details, die es für den Einsatz bei der Rallye Monte Carlo 1972 gar nicht gebraucht hätte und die die spätere Verwendung des Wagens als Versuchs- und Einsatzfahrzeug der Porsche AG belegen.

Es sollte etwa zwei Jahre dauern, bis der Wiederaufbau des 911 S/T beendet war – der damals zuständige FIVA-Kommissar Heribert Werginz reiste damals persönlich nach Coburg, um die Abnahme durchzuführen und damit die Voraussetzung für die Ausstellung eines FIA-Passes herbeizuführen.

In den folgenden Monaten folgten diverse Tests und Einstellungsfahrten auf angemieteten Rennstecken – an der Entwicklung des Fahrwerks war übrigens Tiago Vagaroso da Costa Pereira Monteiro – oder kurz: Tiago Monteiro – beteiligt. Er hatte im Alter von 20 Jahren gerade den französischen Porsche Cup gewonnen und sollte 2005 und 2006 in der Formel 1 fahren.

Auf der Suche nach Perfektion: Der 911 S/T wurde bis ins letzte Detail mit den hohen Ansprüchen, die dieses Unikat verdient, dem Reglement gerecht neu aufgebaut. Die beiden Löcher vor dem Schalthebel (Foto oben) verweisen auf die spätere Verwendung von 0041 als Versuchswagen für ein Porsche-eigenes ABS-System.

The quest for perfection: The 911 S/T was rebuilt down to the last detail, meeting the exacting standards deserved by this unique car and also complying with regulations.The two holes in front of the gear lever (top photo) indicate 0041's later use as a test mule for Porsche's own ABS system.

Das Herzstück des 911 S/T ist der 2.492 cm^3 große Sechszylindermotor, der mit den etwa 960 Kilogramm Leergewicht keine große Mühe hat.

The centerpiece of the 911 S/T is the 2,492 cc six-cylinder engine, which has no trouble coping with the vehicle's approximately 960 kilograms curb weight.

1972 undenkbar – im Jahr 2000 Vorschrift: Überrollkäfig, Rennsitze mit Sechspunkt-Gurten, Löschanlage und von jeglichem Dämm-Material freigeräumter Innenraum.

Inconceivable in 1972, but mandatory in 2000: roll cage, racing seats with six-point belts, fire extinguishing system, and an interior where all soundproofing material has been removed.

.173

OMP
km/h

911 S/T 1972
911 S/T 2000
EIN VERGLEICH

Man merkt dem Interieur an, dass der S/T heute anderen Zulassungsbedingungen unterworfen ist.

It is evident from the interior that the S/T is now subject to different registration requirements.

Der Arbeitsplatz von Gérard Larrousse: ein einfaches Lenkrad und ein schlichter Schalensitz.

Gérard Larrousse's workplace: a simple steering wheel and a no-nonsense bucket seat.

Der Arbeitsplatz von Michael Stoschek: neues Lenkrad und ein moderner Schalensitz, Renngurte, FIA-Käfig – und dazu ein Bodenschutz aus Aluminium.

Michael Stoschek's workplace: a new steering wheel and a modern bucket seat, racing harnesses, an FIA roll cage, and aluminum floor protection.

Heute undenkbar: ein Schalensitz ohne Kopfstütze und ein geschraubter Überrollbügel.

Inconceivable today: a bucket seat with no headrest and a bolted-on roll bar.

Heute schützen ein massiver Käfig und Karbon-Schalensitze die Insassen bei Unfällen.

These days, a solid roll cage and carbon bucket seats protect the occupants in the event of an accident.

Das Serien-Ersatzrad 185/70/15 liegt vor dem 110-Liter-Tank.

The standard spare wheel (185/70/15) is located in front of the 110-liter tank.

Ersatzrad in 185/65/15 nimmt deutlich weniger Platz weg – der 65-Liter-Sicherheitstank beansprucht auch weniger Platz.

The 185/65/15 spare wheel takes up significantly less space, as does the 65-liter safety tank.

brose
Technik für Automobile
brose
Technik für Automobile
SEB
SEB

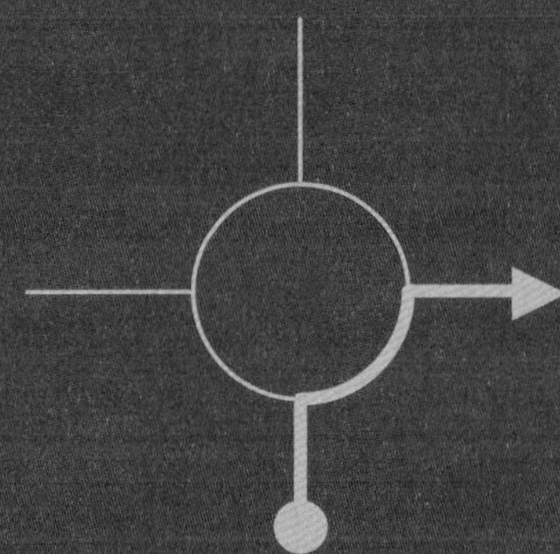

DIE COPILOTEN

Peter Diekmann, Dieter Hawranke, Dieter Schneppenheim, Fred Berßen

Ein Rallye-Fahrer ist nie allein – er wird stets von einem Beifahrer begleitet, der ihm den Weg weist.

Rally drivers are never alone but are always accompanied by a co-driver to show the way.

PETER DIEKMANN

WENN DER PETER „FEUER" SCHREIT …

„Unter meinen Beifahrern war Peter Diekmann zu Beginn meiner Karriere als Rallyefahrer sicherlich die beeindruckendste Persönlichkeit", erinnert sich Michael Stoschek. „Er begleitete mich in den Jahren 1995 und 1996, meiner 3. und 4. Saison." Diekmann, gelernter Koch aus Solingen, hatte sich schon früh dem Motorsport verschrieben, zunächst als Fahrer, dann als Co-Pilot. Er navigierte viele prominente Fahrer und der Höhepunkt war 1987, als er mit dem Schweden Kenneth Eriksson für Volkswagen den ersten und einzigen Titel in der Weltmeisterschaft für zweiradgetriebene Fahrzeuge gewann. Im gleichen Jahr erhielt er den goldenen Ehrenring für den weltbesten Co-Piloten. Mit Eriksson stellt er übrigens auch den Weltrekord für das Fahren auf zwei Rädern auf. Die beiden fuhren 25 km lang mit 120 km/h, wie das berühmte Foto zeigt.

Stoschek denkt zurück an den Beginn der gemeinsamen Zeit: „Peter war 52 Jahre alt, als wir 1995 das erste Mal zusammen im Rallyeauto saßen. Und obwohl wir nur zwei Jahre zusammengearbeitet haben, profitierte ich von seiner großen Erfahrung. Insbesondere erklärte er mir, dass man die Zuschauer in engen Kurven zwar mit spektakulären Drifts begeistern könne, diese auf der Uhr jedoch kaum etwas brächten und auch mal danebengehen könnten. Viel Zeit gutmachen könne man nur auf den wirklich schnellen Abschnitten, und ich erinnere mich, dass er immer wieder das Wort ‚Feuer' ins Mikrofon schrie, wenn er meinte, mein Gasfuß sei nicht bis ans Bodenblech durchgetreten.

Zusammen gewannen wir 1995 die Gesamtwertung der EM-Läufe der Rallyes Viking (Norwegen), Klatovy (Tschechien) und den französischen Meisterschaftslauf Mont-Blanc Morzine. Viel beachtet wurde auch unsere Bestzeit auf der Trabrennbahn Mariendorf bei der Havelland-Rallye 1996 mit einem Mitsubishi Lancer Evo III."

An eine Episode erinnert sich Michael Stoschek besonders gut: „Beim Historic EM-Lauf in Verona 1996 brachte unser Service das Wettbe-

„Die Zuschauer lieben spektakuläre Drifts – aber sie bringen keinen Zeitgewinn und können auch danebengehen."

Peter Diekmann

„Peter Diekmann war sicherlich die beeindruckendste Persönlichkeit unter meinen Beifahrern – hier das Siegerbild der Rallye Mont-Blanc."

"Peter Diekmann was certainly the most impressive of my co-drivers – this is the winners' photo from the Mont Blanc Rally."

werbsauto aufgrund einer Panne nicht rechtzeitig an den Start. Also entschlossen wir uns, das Trainingsfahrzeug – ebenfalls ein Porsche 911 aus dem Baujahr 1965 – beim Wettbewerb einzusetzen. Bei diesem Fahrzeug war die Karosserie nicht vollständig neu aufgebaut und nach mehr als 30 Jahren weich geworden. Die Rohre des Überrollkäfigs waren nicht mit der Karosserie verschweißt, sondern verschraubt. Unsere Mechaniker kamen nun auf die Idee, den Käfig über die Verschraubungen bis an die Wand der Fahrzeugkarosserie zu pressen, um die maximale Stabilität zu erreichen. Das alles geschah in der Nacht vor dem Start und wir hatten keine Zeit, diese technische Idee auszuprobieren.

Unmittelbar nach dem Start der ersten Prüfung lenkte ich in die erste Kurve ein. Zuerst reagierte der Wagen überhaupt nicht und danach völlig abrupt und unkontrollierbar. Peter rief ins Mikrofon: ‚Das wird böse enden.' Bereits in der zweiten Kurve trafen wir dann frontal auf einen Strommast. Hier bewährte sich die weiche Karosserie, indem sich der Mast zwischen den vorderen Kotflügeln (um Gewicht zu sparen hatten wir kein Reserverad eingebaut) durch die weiche Karosserie bis zur Frontscheibe vorarbeiten konnte. Nach dem sanften Aufprall durch unsere unfreiwillige Knautschzone blieb ich neben dem Auto stehen, während Peter die rund 1.000 Meter zurück zum Start lief. Sicherheitshalber haben wir ihn dann im Krankenhaus checken lassen und man fand eine leichte Wirbelstauchung. Da Peter als Selbstständiger keine vernünftige Altersvorsorge aufgebaut hatte, haben wir diesen Unfall dann zum Anlass einer lebenslangen Berufsunfähigkeit erklärt und Peter beendete seine Karriere als Beifahrer.

NESTE 1000 Lakes Historic Rally FINLAND
FIA SANCTIONED EVENT
Nro / No. 5
ID 1995
1-kuljettaja / Driver: Stoschek Michael
Kansallisuus / Nationality: D
2-kuljettaja / Co-driver: Diekmann Peter
Kansallisuus / Nationality: D
ID
Auton merkki ja malli / Make and model of the car: Porsche 911
Sylinteritilavuus / Cylinder capacity: 1.991
Vuosimalli / Year of manufacture: 1965
Rek.nro / Reg. no. CO-HP -39
FIA-passin nro / FIA Historic Vehicle Identity Form no. H1059/94
Luokka / Class: G11

Gemeinsamer Start bei der 1000 Lakes Historic Rally (oben). Sieg bei der Rally Viking und die 25-Kilometer-Rekordfahrt auf zwei Rädern mit Kenneth Eriksson (unten).

Shared start at the 1000 Lakes Historic Rally (top). Victory at the Rally Viking and the 25-kilometer record two-wheel ride with Kenneth Eriksson (bottom).

Ein erfolgreiches Team: Peter Diekmann navigierte Michael Stoschek bei vielen Rallyes zu vielen Siegen und Platzierungen.

Successful team: Peter Diekmann guided Michael Stoschek to multiple victories and placings in many rallies.

Noch viele Jahre trafen wir uns, wenn er Rallyes besuchte oder als Händler für die Kommunikationstechnik zwischen Fahrer und Beifahrer und für Funkgeräte vom Einsatzauto zum Service tätig war. Trotz eines Herzinfarkts und auch nach der Diagnose Lungenkrebs sah man Peter noch viele Jahre als Zuschauer und er hatte sichtlich Spaß dabei, sämtliche Prognosen der Ärzte ad absurdum zu führen."

Am 30. November 2021 fand eine sehr bewegende Trauerfeier für Peter Diekmann statt. Die zahlreich erschienenen Gäste aus 30 Jahren Rallyesport zeigten die ganz ungewöhnliche Beliebtheit dieser außerordentlichen Rallye-Persönlichkeit des 20. Jahrhunderts.

DIETER HAWRANKE
DER FAHRER DIKTIERT, WIE ER DIE STRECKE SIEHT

Dieter Hawranke ist einer jener Männer, die sich relativ furchtlos neben einen Rallye-Fahrer setzen und ihm dann erklären, wo er wie möglichst schnell hinfahren soll. Und das bei Helligkeit und Dunkelheit, bei Nebel, Schnee und Regen. Als Navigator verfügt er zudem über einen stabilen Magen, denn das permanente Beschleunigen und Verzögern sowie die Querkräfte in Kurven fordern ihren Tribut. Trotzdem bleibt die Frage, wer einen solchen Beruf bewusst auswählt.

Dieter Hawranke wiegelt ab: „Den Job hat man sich ja ausgesucht, weil man ihn kann. Da ist das Beschleunigen und Verzögern kein Thema mehr. Letztlich kommt es doch auf völlig andere Dinge an – es ist ja nicht nur die Perfektion des Aufschriebs, sondern auch die Art und Weise, wie man die Informationen weiterreicht. Man muss im Flow sein, sich akribisch vorbereitet haben und perfekt mit dem Fahrer interagieren."

„Michael fährt sehr schnell, riskiert aber nicht alles – das zeigt bereits seine Qualitäten."
Dieter Hawranke

Neben einem Perfektionisten wie Michael Stoschek zu sitzen, bedeutet deshalb, den zur Verfügung gestellten Aufschrieb an die Wünsche und Vorstellungen des Fahrers anzupassen. Dabei gibt es diverse Ausgangslagen: Man ist diese Rallye oder diese Sonderprüfung noch nie gefahren oder man kennt die Veranstaltung und ihre Wertungsprüfungen bereits aus dem Vorjahr. Und es gibt dann noch Sonderfälle.

„Nehmen wir den ersten Fall. Ich versuche dann zuerst, jemanden zu kontaktieren, der aus der Gegend kommt und mir Tipps und – im besten Fall – Unterlagen zur Verfügung stellen kann. Dann ist schon eine Basis gegeben, auf der man im Training aufbauen kann. Ansonsten muss man sich die Unterlagen selbst erarbeiten, das heißt: die Strecke abfahren und sich notieren, was der Fahrer sagt – während er diktiert, wie er die Strecke sieht. Dann wird die Strecke noch zwei-, dreimal am selben Tag abgefahren und der Aufschrieb weiter perfektioniert. Dazu kommt noch ein abendliches Gespräch, bei dem gemeinsam diskutiert wird, ob der Aufschrieb in dieser Form in Ordnung ist, und gegebe-

Der schönste Moment: Die Siegerehrung mit der Flasche Champagner – in diesem Fall bei der 25. Rally Due Valli.

The crowning moment: The award ceremony with the obligatory bottle of champagne – in this case at the 25th Due Valli Rally.

nenfalls Korrekturen vorgenommen werden. Dabei hilft es natürlich, wenn im Fahrzeug eine Videokamera mitläuft, denn dann kann man die Stecke und den Aufschrieb ein letztes Mal verfeinern.

Es gibt aber auch Ausnahmen. 2007 fuhr Michael zusammen mit Tiago Monteiro, weil die Veranstaltung aus einer Kombination von Wertungsprüfung und Rundstreckenrennen bestand und sich die beiden am Steuer abwechselten. Ich war quasi als Teamchef mitgekommen und hatte die wichtige Aufgabe, jeweils am Vortag die Prüfungen abzufahren und einen Aufschrieb in die Videokamera zu diktieren, so wie Michael es üblicherweise macht. Der Veranstalter Patrick Peter hatte das Roadbook erst bei der Abnahme ausgegeben und seine französischen Freunde kannten natürlich die Prüfungen und hatten vorher ausgiebig trainiert. Wenn ich am Abend ins Hotel zurückkam, musste Tiago, der kein Deutsch spricht, die von mir diktierte Beschreibung der Strecke in ein Roadbook in englischer Sprache übertragen. Tiago war zwar bislang erfolgreich in der Formel 1 und in der Tourenwagen-Weltmeisterschaft unterwegs gewesen, hatte bis dahin aber noch niemals als Beifahrer Noten vorgelesen.

Jedenfalls klappte das Ganze so gut, dass Michaels und Tiagos französische Konkurrenten mit großem Erstaunen Michaels Top-Zeiten registrierten. Tiago gewann natürlich alle Rundstreckenrennen und am Ende waren Michael und Tiago mit großem Abstand die Sieger in der Race-Kategorie. Patrick Peter war so verärgert, dass er ihnen auf dem Podium lediglich ein kleines Töpfchen überreichen wollte, auf dem noch nicht mal eine Gravur zu finden war – im Vergleich zu den Riesenpokalen der Gleichmäßigkeitsfahrer. Michael gab ihm die Trophäe noch auf dem Podium zurück und unser Team verließ die Siegerehrung. Seitdem ist Michael bei keiner Veranstaltung mehr gestartet, die von Patrick Peter organisiert wurde."

Im Laufe der Jahre hat Dieter Hawranke mit Michael Stoschek an mehr als 100 Rallyes teilgenommen. Woran er sich besonders erinnert? – „Ich bin kein einziges Mal mit ihm abgeflogen, das zeigt bereits seine Qualitäten. Michael fährt sehr schnell, riskiert aber nicht alles, weil er seine Autos heil ins Ziel bekommen möchte."

Und was ist nun das Geheimnis einer glücklichen Beziehung zwischen Fahrer und Beifahrer? – „Wie bereits gesagt: Der Fahrer diktiert, wie er die Strecke sieht, wie er sie deutet. Und meine Aufgabe ist es dann, diese Angaben während der Prüfung im richtigen Rhythmus an den Fahrer weiterzugeben. Letztlich gesehen ist das ein Art Melodie, die im Idealfall in einen Flow mündet. Ich muss Ruhe ausstrahlen: Der Fahrer ist bereits angespannt genug, da muss ich nicht auch noch Nervosität in meine Ansagen bringen. Was natürlich nicht ausschließt, dass ich vor besonders gefährlichen Kurven und Passagen etwas lauter spreche."

Für Dieter Hawranke besteht die hohe Kunst beim Rallyefahren nicht in der perfekten Umsetzung eines perfekten Roadbook. Für ihn ist die hohe Kunst die adäquate Übersetzung und Anpassung dieses Roadbook an die in diesem Moment existierenden Fahrbedingungen, also Temperatur, Straßenbelag, Lichtverhältnisse. „Wenn du als Erster startest, ist die Straße wahrscheinlich sauber, noch hat niemand Dreck auf den Asphalt oder den Schotter geworfen. Der Untergrund verändert sich immer gegenüber den Fahrten im Training, und das Wetter kann man ohnehin nicht vorab erahnen. Wenn du als Zwanzigster startest, sieht die Welt schon anders aus – da musst du dein Roadbook den in diesem Moment herrschenden Verhältnissen anpassen. Und trotzdem immer schön im Flow bleiben."

Was waren denn die Höhepunkte im Leben neben Michael Stoschek? – „Das war einerseits die Due-Valli-Tour in Verona, wo wir mit zwei Sekunden Vorsprung gewonnen haben. Und unvergesslich auch der Sieg bei der Rallye San Martino di Castrozza, wo wir mit dem Wissen, Dritter geworden zu sein, zur Siegerehrung fuhren – und dann als Sieger geehrt wurden. Die beiden Fahrzeuge vor uns waren auf der letzten Sonderprüfung abgeflogen, was wir nicht mitbekommen hatten."

Mehr als 100 Rallyes haben Michael Stoschek und Dieter Hawranke gemeinsam bestritten – ein perfekt eingespieltes Team.

As a perfectly coordinated team, Michael Stoschek and Dieter Hawranke have competed in more than 100 rallies together.

DIETER SCHNEPPENHEIM
DAS GEHIRN SITZT RECHTS!

„Der Michael ist Perfektionist." – Dieter Schneppenheim weiß, was Perfektion bedeutet, denn von ihr hing einst sein Leben ab. „Als Pilot einer McDonnell F4 Phantom muss alles funktionieren, sonst ist ein Flug schneller als gedacht beendet." Nur zur Erinnerung: Die Phantom ist ein zweisitziges, allwetterfähiges, zweistrahliges, überschallfähiges, knapp 2.600 km/h schnelles Kampfflugzeug. Fast 5.000 Exemplare haben jahrzehntelang in vielen Ländern den dortigen Luftwaffen gedient und die eine oder andere davon flog Dieter Schneppenheim.

Als sich die Luftwaffen-Karriere in Richtung General entwickelte, stieg er im Jahr 1992 aus und baute sich eine erfolgreiche Existenz als Unternehmer auf. Parallel dazu begann er, sich stärker seiner zweiten Leidenschaft zu widmen, dem Rallyesport. Hier wählte er jedoch den Beifahrersitz. Und wie bei einen gut strukturierten Offizier nicht anders zu erwarten, fuhr er auch in dieser Funktion rasch an die Spitze – besser gesagt: Lotste sich und seine Piloten erfolgreich an die Spitze.

„Als Pilot einer McDonnell F4 Phantom weiß man, dass Perfektion lebenswichtig ist – sonst naht rasch die Katastrophe."
Dieter Schneppenheim

Rasch stellten sich Erfolge ein, unter anderem drei Titel als Deutscher Rallyemeister: 1997 auf Toyota Celica GT 205 sowie 2000 und 2001 auf einem Seat Cordoba WRC, jeweils mit Matthias Kahle als Fahrer. Dass das Team Kahle/Schneppenheim 1998 mit einem Rückstand von lediglich sechs Sekunden „nur" Vizemeister wurde, bedauert der Perfektionist noch heute.

Die Zeit zwischen den Deutschen Meisterschaften nutzte er 1999 mit ein paar ausgewählten Läufen zur Rallye-Weltmeisterschaft mit Matthias Kahle auf Toyota Corolla WRC, wobei ein paar tolle Platzierungen heraussprangen. Und 2002 fuhr Dieter Schneppenheim mit Armin Kremer auf einem Ford Focus WRC ebenfalls ein paar ausgewählte Läufe zur Rallye-Weltmeisterschaft. „Ich hatte meine Karriere in der Deutschen Meisterschaft beendet, doch die Aufgabe, in die WM zurückzukehren, reizte mich einfach."

Auf der Suche nach der Perfektion: Der Luftwaffen-Oberst Dieter Schneppenheim fuhr stets mit den besten Piloten und dem besten Material.

In search of perfection: Air Force Colonel Dieter Schneppenheim always drove with the best navigators and the best equipment.

Obwohl Kremer und Schneppenheim sich seit Jahren kannten, sind sie immer nur gegeneinander angetreten. „Aber wir haben oft darüber gesprochen, einmal zusammen zu fahren. Doch erst bei dem Ford-WM-Projekt ging der Wunsch dann in Erfüllung."

Der Weg zu Michael Stoschek führte auch über den Ehrgeiz der beiden Männer. Wenn es überhaupt eine Gemeinsamkeit gibt, dann ist es der Wunsch nach Perfektion. Dieter Schneppenheim handelt nach dem Motto „entweder ich mache es 100-prozentig oder ich lasse es sein". Anders gesagt: „Ich bin immer nur mit den besten Fahrern und dem besten Material gefahren." Dass dazu auch die perfekte Vorbereitung gehört, ist für ihn selbstverständlich.

Eine Einstellung, die ihn mit der von Michael Stoschek verbindet: „Michael sagte mir, dass er die Historische Rallye-Europameisterschaft gewinnen wollte, und dementsprechend akribisch wurde das Projekt angegangen. Dazu gehörte zuerst einmal eine genaue Betrachtung des Reglements: Welche Klassen gibt es, welche Fahrzeuge fahren in welchen Klassen, wo kann man wie viele Punkte sammeln? Das Ergebnis war dann der Einsatz mit dem 911 S/T. Wobei natürlich hin und wieder auch andere Fahrzeuge zum Einsatz kamen."

Guido Brasch hat an anderer Stelle beschrieben, mit welcher Perfektion der Wagen in dieser Saison technisch betreut wurde. Dieter Schneppenheim vergleicht diesen Aufwand mit seinen Einsätzen für das Werksteam von Toyota bei seinen Läufen zur Rallye-Weltmeisterschaft: „Es gab in meiner Karriere zwei Teams, bei denen die Werkstätten klinisch rein waren: Toyota und BROSE. In diesen Werkstätten konnte man buchstäblich vom Fußboden essen – kein Fussel, kein Krümel, kein Ölfleckchen."

Die ersten gemeinsamen Rallyes fanden bereits 1995 statt: „Wir fuhren die Rallye 500 Minuti Storico und die Rallye Elba Storico, zwei Läufe zur ERC Historic, die wir beide gewinnen konnten – was ein guter Start war." Erst 2003 folgten drei weitere Einsätze, bis dahin war Dieter Schneppenheim in den Werkswagen von Toyota, Seat und Ford unterwegs gewesen.

Doch vor den Einsätzen in den Jahren 2005 bis 2007 startete das Team Stoschek/Schneppenheim im Jahr 2004 erst einmal bei der legendären Carrera Panamericana, mit einem Porsche 911 mit 2-Liter-Motor. Das Abenteuer begann in Tuxtla, im Süden Mexikos, danach führten sieben Tagesetappen die 70 Teilnehmer über Oaxaca-Puebla-Morelia-Aguascalientes-Zacatecas bis in den Norden nach Nuevo Laredo an die texanische Grenze.

Schneppenheim: „Die Eckdaten der Carrera sagen alles: 3.000 km lang, 446 Sonderprüfungen auf abgesperrten Straßen, insgesamt saßen wir knapp fünfzig Stunden im Auto. Auch die Verbindungsetappen sind ein reines Rennen, mit Schnitten weit über 100 km/h." Das Ergebnis überzeugte: erster Platz in der Klasse Historica B, in der Fahrzeuge bis 1965 erlaubt sind, und ein hervorragender vierter Gesamtrang. „Auf den Gesamtsieger, einen Studebaker mit 650 PS Leistung, fehlten uns gerade einmal 12 Minuten. Das war eine saustarke Leistung von Michael."

Ab 2005 fuhr Schneppenheim drei weitere Jahre zusammen mit Michael Stoschek. Insgesamt absolvierten sie zwölf Einsätze, bevor Dieter Schneppenheim 2007 mit einem Einsatz bei der Abu Dhabi Classic Rallye seine Karriere beendete und sich verstärkt seiner Firma widmete.

Bei jedem Gespräch fallen nahezu zwangsläufig immer wieder die Wörter „Perfektion" und „Ehrgeiz". Schneppenheim berichtet: „Er ist beim Aufschrieb akribischer und korrigiert mehr als jeder andere Fahrer, den ich kenne. Michael Stoschek ist in jeder Hinsicht ein anspruchsvoller Partner und erwartet immer vollen Einsatz. Aber das ist bei einem Mann, der in den vergangenen Jahrzehnten ein Weltunternehmen aufgebaut hat, nicht anders zu erwarten. Und natürlich merkt man diese Mischung auch am Steuer – deswegen gehört Michael Stoschek zu den richtig guten Fahrern. Er hat zudem früh entdeckt, dass ihm die heckgetriebenen Porsche-Modelle auf den Leib geschnitten sind. Und sein Lieblings-Untergrund ist trockener Asphalt, da ist Michael ein Knaller."

Der Weg zu Michael Stoschek führte auch über den Ehrgeiz der beiden Männer. „Ich bin immer nur mit den besten Fahrern und dem besten Material gefahren.“

Ende der Rallye: Das Victory-Zeichen sagt alles – wir haben deutlich gewonnen.

After the race: The victory sign says it all – the win was decisive.

FRED BERSSEN
MAN MUSS TAKTISCH KLUG FAHREN

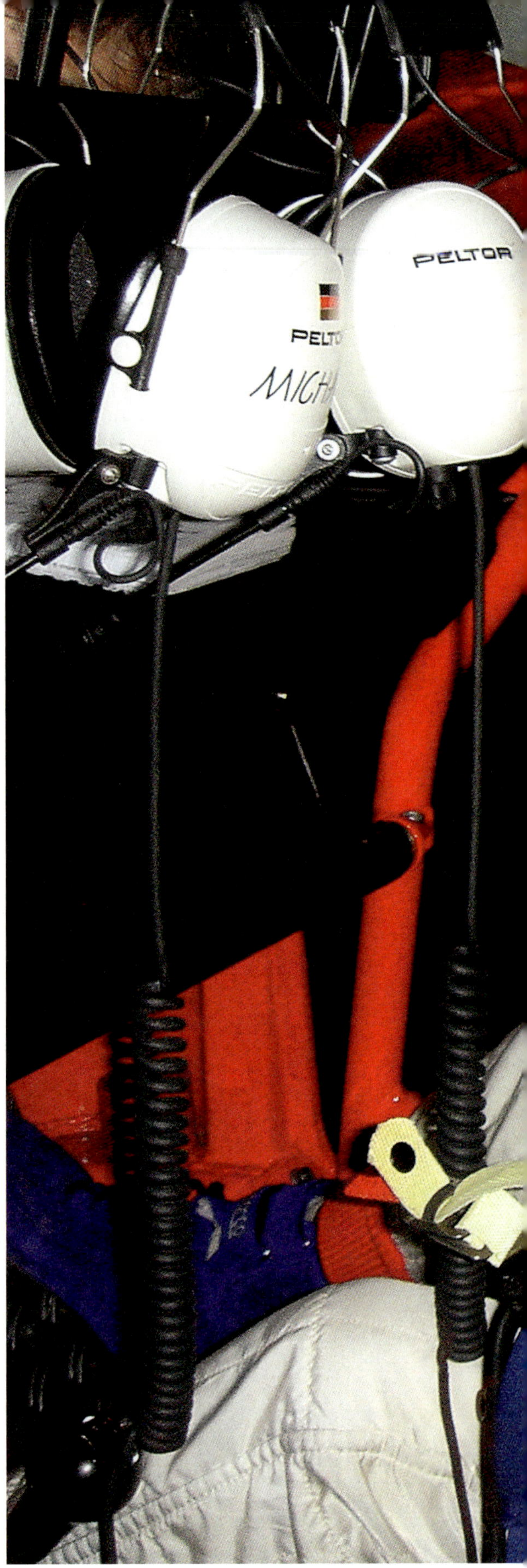

Mit dem Berliner Fred Berßen – im Hauptberuf Polizeihauptkommissar – fuhr Michael Stoschek in den Jahren 1997 und 1998 mehrere Rallyes auf einem Mitsubishi Lancer EVO III. Und er kehrte nach dem Gewinn der Rallye-Europameisterschaft 2001 mit Armin Kremer auf einem Toyota Corolla WRC auch wieder zu Brose Motorsport zurück. Fred Berßen war bei etlichen Einsätzen in der Saison 2006 mit am Gewinn der Meisterschaft beteiligt – sein Credo: „Man muss taktisch klug fahren. Nur so schnell, dass die Zuschauer und wir ihren Spaß haben, doch auch so vorsichtig, dass nichts kaputtgeht."

Deutscher und Europa-Rallyemeister – und mit Michael Stoschek auch Rallye-Europameister bei den klassischen Fahrzeugen: Fred Berßen.

Fred Berssen, German and European Rally Champion and, along with Michael Stoschek, European Rally Champion in the Classic Cars class.

1
Shell
SEB
DUNLOP
BOSCH
sparco

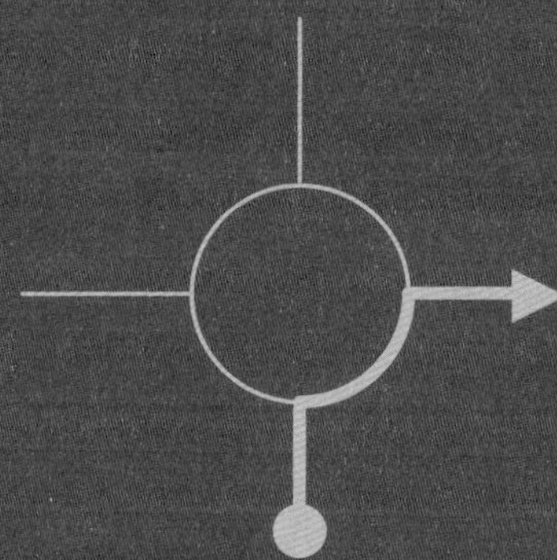

RALLYE-EUROPAMEISTER 2006

Die Mechaniker arbeiten am Auto – Michael Stoschek und Dieter Hawranke studieren den Aufschrieb.

The mechanics get to work on the car while Michael Stoschek and Dieter Hawranke study the transcript.

brose
brose
SEB
SEB
SANREMO RALLY STORICO
1972 4 1972
RALLYE MONTE-CARLO
CIBIE
Shell
Shell
S AK 1336

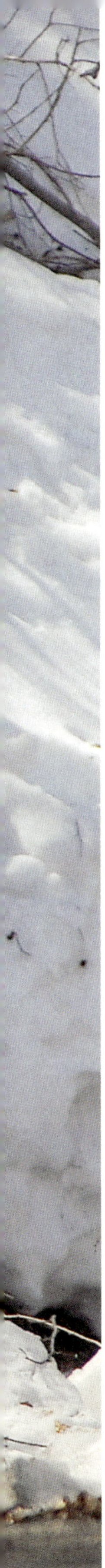

RALLYE SAN REMO

02.04.2006

San Remo (03.04.2006). Michael Stoschek (Ahorn), Vorsitzender der Gesellschafterversammlung der Brose Gruppe, und Copilot Dieter Hawranke (Kassel) waren zufrieden mit ihrem Abschneiden beim ersten Lauf der diesjährigen FIA-Rallye-Europameisterschaft für Fahrzeuge bis Baujahr 1975 im italienischen San Remo.

Unter den 72 Startern in der Rennklasse kamen Michael Stoschek/Hawranke als beste Deutsche auf einen guten 7. Gesamtplatz und wurden Zweite in der für die Meisterschaft entscheidenden Kategorie der Sportwagen bis 2,5 l Hubraum hinter Marco Bianchini/San Marino und Emanuele Baldaccini/Italien auf Lancia Stratos. Nach einer unklaren Situation bei der Zeitnahme am Ziel der Wertungsprüfung 5 sahen sich die Deutschen am Ende mit 23 Sekunden in Führung. Die offizielle Zeitnahme bestätigte den Italienern nach mehr als 150 Kilometern Wertungsprüfung einen Vorsprung von 37 Sekunden.

Insgesamt erreichten nur 45 Teams das Ziel. Gründe für die Ausfälle waren harte Kämpfe auf der Strecke, die zu Materialverschleiß führten, und durch schwierige Streckenverhältnisse verursachte Unfälle. Der von Brose Motorsport im Winter neu aufgebaute ehemalige Porsche-Werkswagen, der mit Gérard Larrousse am Steuer 1972 bei der Rallye Monte Carlo eingesetzt worden war, bewies erneut seine Zuverlässigkeit. Lediglich eine zu weiche Abstimmung der Stoßdämpfer und die Gewöhnung an einen erstmals eingesetzten Reifentyp kosteten am ersten Tag die entscheidenden Sekunden.

Mehr als 150 Kilometer Sonderprüfungen in den italienischen See-Alpen auf teilweise durch Schneeschmelze und hohe Luftfeuchtigkeit glatten Fahrbahnen sowie dichter Nebel durch tief hängende Wolken verlangten von den Besatzungen starke Nerven und hohe Konzentration.

Völlig andere Verhältnisse erwartet Michael Stoschek bei der Rallye Akropolis Anfang Mai in Griechenland. 30 Prozent der 200 Kilometer Wertungsprüfungen gehen über teilweise tiefen Schotter und sorgen bei dem Fahrzeug und bei der Besatzung für entsprechend hohe Belastungen.

Mehr Informationen unter
www.sanremorally.it

1998 mit einem 2-Liter-Porsche Gesamtsieger, 2006 Zweiter in der Klasse bis 2,5-Liter – die Rede ist von der Rallye „San Remo Storico“ und dem Team Michael Stoschek / Dieter Hawranke.

At the “San Remo Storico” rally, the team of Michael Stoschek and Dieter Hawranke were overall winners in 1998 with a 2-liter Porsche and came second in the class up to 2.5 liters in 2006.

brose
brose
Shell
QU'EST-CE QUI EST ROUGE
ET QUI VA VITE?
SEB
VARSOVIE
M. STOSCHEK
HAWRANKE
9
SEB
Shell
SEB
DUNLOP
SANDVIK
DUNLOP
Shell
CIBIE

brose
brose
SEB
SEB
1972 4 1972
RALLYE MONTE-CARLO
Shell
S AK 1336
Shell

Gute Mechaniker können überall und unter allen Umständen Autos reparieren – hier wird an der Vorderachse gearbeitet.

A good mechanic can carry out repairs anywhere and under any circumstances – here the team is working on the front axle.

Athen (08.05.2006). Ohne Punkte für die FIA Rallye Historic Europameisterschaft endete für Michael Stoschek (Ahorn) und Beifahrer Fred Berßen (Berlin) der 2. Lauf der Saison 2006, die 5. Historic Akropolis Rallye in Griechenland vom 3. bis 7. Mai 2006. Auf der zweiten von sechs harten Schotterprüfungen hatte ein Stein den Anschluss der Bremsleitung an einem Bremssattel abgerissen und zum Ausfall der Bremse geführt. Stoschek berichtet: „Von da an war nur noch die Handbremse einsatzfähig. Anschließend kam auf einer langen, geraden Asphaltstraße bergab ein Bauer von rechts und bog, ohne nach links zu schauen, direkt vor uns auf die Straße. Wir sahen das Unheil zwar schon von Weitem auf uns zukommen, nur mit der Handbremse konnten wir unser Rallyeauto kaum verzögern. Die Folge war ein Zusammenstoß. Nun hatte unser Service das erste Mal, diesmal aber richtig viel zu tun, denn wir befanden uns noch auf einer Verbindungsetappe.

Bei der anschließenden Aufholjagd erwischte ich vor einer Bergab-Serpentine den Bremspunkt zu spät, gelangte auf den Splitt am Straßenrand und rutschte in einen Graben, aus dem wir den Wagen auch mit Hilfe von Zuschauern nicht befreien konnten. Erst nach Ende der Prüfung zog ein Abschleppfahrzeug unser Auto wieder auf die Straße. Der Schaden hätte über Nacht leicht behoben werden können. Nur eine Spurstange war verbogen. In Unkenntnis des Reglements reisten wir ab, hätten am Folgetag jedoch weiterfahren und wertvolle Punkte mitnehmen können."

Ende der Rallye im Graben The rally campaign comes to an end in a ditch.

VARSOVIE
CIBIE
BILSTEIN
7
Shell

RALLYE CEFALU 21.05.2006

Bei der „Historic Rally Città di Cefalù", Nachfolgerin der berühmten „Targa Florio" in Sizilien, waren Michael Stoschek und Copilot Dieter Schneppenheim in der Klasse bis 2,5 Liter Hubraum nicht zu schlagen. Die beiden Deutschen siegten nach mehr als 610 Kilometern Gesamtstrecke und 15 Wertungsprüfungen von über 180 Kilometern Länge mit deutlichem Abstand in ihrer Klasse und erreichten gegen zahlreiche 3-Liter-Porsche unter 93 Startern aus fünf Nationen einen hervorragenden 6. Gesamtplatz. Bei 35 Grad im Schatten und 55 Grad Asphalttemperatur waren auf den welligen und teilweise engen Prüfungen in den süditalienischen Bergen die Motoren und Getriebe der Rallyewagen stark gefordert. Dies führte zu einer Vielzahl an Ausfällen. „Ich bin froh, dass wir nach unserem Ausfall in Griechenland mit diesem Sieg in Sizilien wieder den Anschluss an die Spitze in der Europameisterschaftswertung gefunden haben", erklärte Stoschek im Ziel nach 2:00:51'3 Stunden Gesamtzeit.

Mehr Informationen unter
www.trofeoflorio.it

Dieter Schneppenheim und Michael Stoschek – Klassensieger in Sizilien.

Dieter Schneppenheim and Michael Stoschek – winners in their class in Sicily.

RALLYE OSTARRICHI 03.06.2006

Linz (06.06.2006). Beim 4. Lauf der FIA-Rallye-Europameisterschaft für historische Fahrzeuge waren die Deutschen Michael Stoschek (Ahorn) und Dieter Schneppenheim (Alpen) als Copilot erneut die Sieger in der Klasse bis 2,5 l Hubraum und Zweite in der Gruppe der Fahrzeuge bis Baujahr 1975. Als 5. in der Gesamtwertung zeigten die Sieger der Carrera Panamericana 2004 erneut ihre Klasse.

Fast 200 Kilometer Wertungsprüfungen in den oberösterreichischen Bergen zwischen Bad Hall und Linz waren fast ausschließlich bei strömendem Regen zu fahren. „Aquaplaning auf den schnellen Geraden und Schlamm in den Kurven, verursacht durch die modernen Allrad-Fahrzeuge, machten uns mehr zu schaffen als unsere Konkurrenz", erklärte Michael Stoschek im Ziel. „Allerdings bewährten sich die erstmals eingesetzten Matador Regenreifen exzellent."

Der von Brose Motorsport bestens vorbereitete Porsche 911 SR mit 2,5 l Hubraum, 980 Kilogramm Gewicht und ca. 270 PS Leistung war erneut ein Muster an Zuverlässigkeit.

Mit dem zweiten Platz in San Remo und den Siegen in Sizilien und Österreich hat sich Stoschek an die Spitze der EM-Wertung geschoben. Noch weitere acht Läufe in sechs Ländern stehen bevor. Die nächste Station ist Ieper in Belgien vom 22.–26. Juni 2006.

Mehr Informationen unter
www.ostarrichi-rallye.com

QU'EST-CE QUI EST ROUGE ET QUI VA VITE?
1972 4 1972
RALLYE MONTE-CARLO
PORSCHE
S AK 1336
SEB

„Qu est-ce qui est rouge et qui va vite / Was ist rot und fährt schnell?" – natürlich der 911 S/T mit dem SEB-Werbespruch, hier auf nasser Strecke.

"Qu'est-ce qui est rouge et qui va vite / What is red and goes fast?" – The answer of course is the 911 S/T with the SEB slogan, seen here on a wet track.

YPRES HISTORIC 24.06.2006

Schneller Radwechsel zwischen den Wertungsprüfungen.

Quick wheel changes between special stages.

Ieper (26.06.2006). Zufriedene Gesichter im Ziel der Ieper Historic Rallye am 25. Juni in Belgien beim Brose Motorsport Team. „Wir sind kontrolliert gefahren und haben unser Auto auf der härtesten Asphaltrallye der Saison nicht unnötig belastet", kommentierte Michael Stoschek seinen 2. Platz in der Klasse und den 6. Gesamtrang im 5. Lauf der diesjährigen FIA-European Historic Sporting Rally Championship.

Vor Tausenden von Zuschauern im motorsportbegeisterten Belgien mussten sich Michael Stoschek (Ahorn) und Dieter Schneppenheim (Alpen) nur dem Franzosen Dominique Perrard geschlagen geben, der die Rallye zum 23. Mal gefahren ist und jeden der mehr als 1.000 Abzweige auf den 200 Kilometern Wertungsprüfungen „wie seine Hosentasche" kennt.

Der ehemalige Werkswagen der Porsche AG, ein 2,5 l 911 SR Baujahr 1971 – betreut von Guido Brasch und Rüdiger Walz von Brose Motorsport – zeigte keine Schwächen. Wegen der zum Teil extrem welligen Strecken und der zahlreichen tiefen Löcher auf der Innenseite der Kurven war das Fahrwerk des Porsche höhergestellt. Das damit verbundene labile Fahrverhalten während der ersten Etappe konnte vom Service durch den Einbau anderer Stoßdämpfer und geänderter Stabilisatoren behoben werden.

„Wir haben in der Meisterschaftswertung nach zwei Siegen und zwei zweiten Plätzen jetzt zwar einen erfreulichen Vorsprung, aber unser Ausfall in Griechenland könnte uns am Saisonende doch noch zu schaffen machen. Jedenfalls bleiben wir auf dem Teppich und freuen uns am kommenden Wochenende auf den einzigen Lauf in Deutschland, die KÜS-Saarland Rallye Classic", sagte Stoschek nach der Rallye. Dort fuhr er im vergangenen Jahr – noch ohne Meisterschaftsdruck – auf Platz 1 in der Gesamtwertung.

Mehr Informationen unter
www.ypresrally.com

brose
brose
SEB
SEB
Shell
CIBIE
YPRES HISTORIC
1972 4 1972
RALLYE MONTE-CARLO
Shell
S-AK 1336
Shell
TRICO
Repa
Repa

brose
brose
SEB
SEB
YPRES HISTORIC
203
1972 4 1972
RALLYE MONTE-CARLO
S-AK 1336
Shell
Shell
CIBIE
DUNLOP
De Keyser
203
Repa
Repa
TRICO

Rallyefahrer müssen auf jedem Untergrund schnell sein.

Really drivers need to be fast on all surfaces.

brose
brose
FIA
SEB
SEB
1972 4 1972
RALLYE MONTE-CARLO
Shell
Shell
S-AK 1336
Repa
Repa

Konzentration ist alles – dazu gehört ein eingespieltes Team, das sich blind vertraut.

Concentration is everything – this requires a well-coordinated team that trusts each other implicitly.

S AK 1336
Shell
Shell

S-AK 1336
Shell
TRICO

VARSOVIE
Shell
KÜS
H1
ADAC
SEB
SEB
DUNLOP

Merzig (07.07.2006). „Das war ein tolles sportliches Wochenende“, so Michael Stoschek nach der KÜS-Saarland-Rallye Classic am 30.06./01.07.2006. „Erst gewinnt unsere Nationalmannschaft bei der Fußball-WM gegen Argentinien, dann holen wir uns den Klassensieg beim deutschen Histo-Rallye-EM-Lauf und am Sonntag gewinnt Michael Schumacher in Indianapolis.“

Der sechste von insgesamt 13 Läufen der historischen Rallye-Europameisterschaft verlief für den Coburger Unternehmer Michael Stoschek und Beifahrer Dieter Schneppenheim (Alpen) planmäßig. Vor der ersten bis zur neunten Sonderprüfung lagen die deutschen Porsche-Piloten mit Ihrem 1971er 911 2,5 l hinter dem norwegischen Ex-Rallyemeister Valter Jensen, der einen 3 l Carrera aus dem Jahr 1973 fuhr. Rund vier Minuten betrug der Vorsprung von Stoschek/Schneppenheim gegenüber den Italienern Parisi/d’Angelo, ebenfalls auf Porsche 911, nach knapp 150 Wertungskilometern in der Klasse bis 2,5 l Hubraum.

„Auf dem Weg zur Meisterschaft müssen wir weiterhin taktisch klug fahren und in unserer Klasse Punkte machen. Nächstes Jahr kann ich wieder mehr riskieren und um die Gesamtwertung kämpfen“, erklärte Stoschek auf der Zielrampe in Merzig.

Mehr Informationen unter
www.saarland-rallye.de

RALLYE MONTE-CARLO
S AK 1336
Shell
CIBIE
DUNLOP
ADAC

RALLYE LATHI 14.08.2006

Lahti (16.08.2006). Wiederum ein Klassensieg von Michael Stoschek (Ahorn) und Copilot Dieter Schneppenheim (Alpen) war das Ergebnis im 7. Lauf der FIA Historic Rally Championship 2006 im finnischen Lahti.

14 Sonderprüfungen führten über 150 Kilometer auf rolligen Schotterwegen durch die Wälder 60 Kilometer von Helsinki entfernt. Die wochenlange Trockenheit in Finnland führte zu großer Staubentwicklung der Fahrzeuge und die Windstille zu entsprechender Sichtbehinderung für die Fahrer. Nur 60 Prozent der 77 Starter erreichten das Ziel.

„Wir konnten wenig Punkte machen, weil wir in unserer Klasse nur einen Gegner hatten. Dafür schonten wir unser Auto für die Rallye Alpi Orientali in 14 Tagen im italienischen Udine", erklärte Stoschek im Ziel.

Weitere Informationen unter
www.lahtihistoricrally.corn

Nach der Rallye Saarland wurde das Fahrwerk hochgestellt und Schotterreifen montiert.

The chassis was raised and gravel tires were fitted after the Saarland Rally.

RALLYE FRIULI ALPI ORIENTALI

26.08.2006

Udine (26.08.2006). Beim 8. von 13 Läufen der FIA Historie Rallye Championship im norditalienischen Udine kam das einzige deutsche Team Michael Stoschek (Ahorn) und Fred Berßen (Berlin) in der Klasse bis 2,5 l Hubraum auf den 2. Platz.

Der in der Meisterschaftswertung an 2. Stelle liegende Italiener Antonio Parisi startete 6 Minuten hinter den Deutschen, sodass auf der ersten Etappe keine Möglichkeit bestand, dessen Zeiten zu erfahren.

„So schnell fuhr der Italiener das ganze Jahr noch nicht und die zahllosen Kehren und engen Kurven verlangen viel Motorleistung beim Herausbeschleunigen. Unseren Rückstand von 1,5 Minuten konnten wir am 2. Tag nicht mehr aufholen, obwohl wir anfangs noch eine Attacke versucht haben", erklärt Stoschek.

Nicht weniger als 2.300 Kurven lagen auf den 150 km Wertungsprüfungen der Friauler Bergsträßchen. Mit dem 2. Platz in der Klasse C4 und dem 4. Rang in der Gesamtwertung hat sich Stoscheks Vorsprung in der Championatswertung auf 12 Punkte verringert.

Mehr Informationen unter:
www.rallyalpiorientali.it

Begeistert empfingen die Besucher den Wagen von Stoschek/Berßen in Udine. Beim 8. von 13 Läufen belegte das Team in der Klasse bis 2,5 Liter Hubraum im Ziel den zweiten Platz.

Spectators in Udine welcomed the Stoschek/Berssen car with enthusiasm. In the eighth of 13 races, the team finished second in the up to 2.5-liter class.

RALLYE LAVANTTAL 09.09.2006

Krumbach (11.09.2006). Mit einem Sieg in der Klasse C4 (Sportwagen bis 2,5 l Hubraum) endete der neunte Lauf der FIA-Europameisterschaft für historische Fahrzeuge der BP Ulimate Rallye 2006 in Österreich für Michael Stoschek (Ahorn) und Copilot Dieter Hawranke (Kassel).

Im Land der 1.000 Hügel urn das niederösterreichische Krumbach waren 17 Teams aus vier Nationen am Start.

Gesamtsieger wurde Valter Jensen, Ex-Rallyemeister aus Norwegen, mit einem Porsche Carrera 3,0 l.

18 Sonderprüfungen, davon die Hälfte mit Durchschnittsgeschwindigkeiten von über 100 km/h, führten über fast 190 Kilometer Länge durch die Hügellandschaft südlich von Wien.

„Leider hatten wir wieder kaum Starter in unserer Klasse und konnten so trotz unseres Sieges unseren Punktevorsprung nicht ausbauen. Dafür wurde unser Material geschont, denn auf Elba (29./30.09.) und St. Maxime (24.–26.11.) werden wir wieder gegen zahlreiche Konkurrenten kämpfen müssen und so bleibt die Meisterschaft bis zum Saisonende spannend", erklärte Michael Stoschek im Ziel.

Weitere Informationen unter **www.bpultimate-rallye.at.**

Die Startnummer wird durch das Ergebnis bestätigt.

The starting number is confirmed by the result.

RALLYE ELBA 25.09.2006

Dieter Schneppenheim und Michael Stoschek auf der Zielrampe mit ihrem Werks-Porsche im Design der Rallye Monte Carlo von 1972

Dieter Schneppenheim and Michael Stoschek on the finish ramp with their works Porsche in the 1972 Monte Carlo Rally design.

Marina di Campo (06.10.2006). „Wir haben gekämpft, waren schnell und hatten keine Probleme, aber am Ende hat es doch nicht gereicht," war der Kommentar von Michael Stoschek im Ziel der Rallye Elba Storico am 30. September 2006.

Nach der ersten Etappe am Freitag noch in Führung in der Klasse bis 2,5 l Hubraum, mussten sich Stoschek/Schneppenheim schließlich dem Italiener Antonio Parisi/Guiseppe D'Angelo um 11 Sekunden geschlagen geben. Nach mehr als 150 Kilometern Wertungsprüfungen auf der italienischen Mittelmeerinsel beendeten die Deutschen den 11. Lauf der Europameisterschaft als Klassenzweite und 6. in der Gesamtwertung unter mehr als 100 Konkurrenten.

Damit verringert sich Stoscheks Vorsprung vor Parisi in der Wertung zur FIA Historic Rallye Championship von 12 auf 8 Punkte.

Um uns den Titel zu holen, müssen wir nun doch noch den letzten Lauf der Meisterschaft Ende November im südfranzösischen St. Maxime bestreiten. Bis dahin stehen noch zwei Rallyes in Italien und Spanien sowie ein Test in Frankreich auf dem Programm.

Mehr Informationen unter
www.rallyelbastorico.it

RALLYE DU VAR 26.11.2006

Das Team lässt die Korken knallen: Fred Berßen und Michael Stoschek im Ziel des französischen St. Maxime

Fred Berssen and Michael Stoschek pop the corks at the finish in St. Maxime, France.

Im letzten von zwölf EM-Läufen kommt es zum Showdown. Rund 200 Kilometer Wertungsprüfungen bei 600 Kilometern Gesamtlänge gilt es für die achtzig Teilnehmer zu bewältigen. Die schmalen Passstraßen der französischen Seealpen erinnern zuweilen an die Strecken der legendären Prüfungen der Monte. Nebel, Regen und rutschiger Asphalt machen die schier endlosen Prüfungen überaus anspruchsvoll — vor allen Dingen, weil sie auch nachts gefahren werden.

Michael Stoschek und Fred Berßen gehen kein Risiko ein, fahren zügig, kontrolliert und ohne technische Probleme. Dabei kostet sie eine Diskussion mit französischen Flics fast zwanzig Minuten und zehn Plätze in der Gesamtwertung. Doch der Zweitplatzierte Parisi erlitt bereits während der ersten Etappe einen Motorschaden. Er erscheint nicht im Ziel der ersten Etappe, allerdings am nächsten Morgen wieder mit einem funktionierenden Motor. Am Ende bleibt er mit 23 Minuten Rückstand chancenlos hinter Stoschek/Berßen. Das Team „Brose Motorsport" feiert mit dem Gewinn des Europameistertitels ein sehr erfolgreiches Saisonfinale.

Weitere Informationen unter
www.var-rallye.fr

Ein bekannter Anblick auf den Rallye-Strecken der Welt – der 911 S/T mit der einzigartigen Dampfkochtopf-Werbung.

A familiar sight on rally tracks around the world – the 911 S/T with the inimitable pressure cooker advertising.

EUROPAMEISTER

FIA zeichnet Michael Stoschek aus

Porto (05.02.2007). Der Automobilweltverband FIA (Fédération Internationale de l'Automobile) hat den Coburger Unternehmer Michael Stoschek am 3. Februar 2007 in Porto (Portugal) anlässlich des Gewinns der Rallye-Europameisterschaft 2006 für Fahrzeuge bis Baujahr 1975 geehrt. Nachdem es im historischen Motorsport keine Weltmeisterschaft gibt, erhielt Michael Stoschek als Europameister den gleichen Ehrenpreis wie Michael Schumacher im Jahr zuvor für den Gewinn der Formel-1-Weltmeisterschaft.

Zur Europameisterschaft zählten im vergangenen Jahr 12 Veranstaltungen in sieben europäischen Ländern. Stoschek war mit drei verschiedenen Co-Piloten unterwegs, am häufigsten mit Dieter Schneppenheim (Alpen), der als Beifahrer die Vize-Meisterschaft gewann. Mit dem von Brose Motorsport neu aufgebauten ehemaligen Werkswagen der Porsche AG, der 1972 bei der Rallye Monte Carlo eingesetzt worden war, erreichte Stoschek bei 11 Meisterschaftsläufen fünf Klassensiege, vier zweite Plätze und einen dritten Rang.

Am Ende eines erfolgreichen Jahres und einer gewonnenen Meisterschaft stehen immer große Feiern, die Überreichung von Blumen, Urkunden und Pokalen – überreicht von Jürgen Barth (o.l.) und bei der Meisterschaftsfeier in Paris von John Hughes (o.r.). Michael Stoschek mit der Trophäe für den Gewinn der Historischen Rallye-Europameisterschaft 2006 (r.).

Major celebrations always follow the end of a successful year and a championship win, with the awarding of bouquets, certificates, and trophies – presented by Jürgen Barth (top left) and at the championship ceremony in Paris by John Hughes (top right). Michael Stoschek holds the trophy for winning the 2006 European Historic Rally Championship (right).

FIA

brose
brose
SEB
DUNLOP
CIBIE
Shell
BILSTEIN
1972 4 1972
Shell
S-AK 1336
Shell
Repa
Repa
TRICO

Der Lohn eines außergewöhnlichen Jahres: Der Europameister Michael Stoschek mit der Sieges-Trophäe und dem 911 S/T.

The reward for an extraordinary year: European champion Michael Stoschek poses with the victory trophy and the 911 S/T.

brose
Technik für Automobile

SERVICE CREW

Guido Brasch, Rüdiger Walz, Rainer Fischer, Lutz Jentsch

Stets die Ruhe im Auge des Orkans:
Guido Brasch.

Constant calm in the eye of the storm:
Guido Brasch.

GUIDO BRASCH
VORBEREITUNG IST ALLES

Seit 34 Jahren ist Guido Brasch der Hüter der Fahrzeuge von Michael Stoschek, wobei der Begriff „Hüter“ etwas untertrieben ist – Guido Brasch ist der Mann, der sich um den Aufbau der Rallye-Fahrzeuge kümmert, der sie bei den Rallyes betreut und in den Pausen zwischen den einzelnen Läufen generalüberholt. Eine Aufgabe, die er mit seinen Mitarbeitern offenbar exzellent erledigt – Michael Stoschek ist auch viele Jahre nach dem Gewinn der Rallye-Europameisterschaft für Historische Fahrzeuge noch immer beeindruckt, dass „Guido dafür gesorgt hat, dass ich die ganzen Veranstaltungen ohne ein einziges technisches Problem fahren konnte. Bei einem der elf Meisterschaftsläufe der Rallye Akropolis musste das Team dann doch nach einem Ausrutscher und verbogener Spurstange einen Ausfall hinnehmen. Das Problem war jedoch nicht die Reparatur des Schadens, den hätte man locker reparieren können, sondern dass wir übersehen hatten, dass wir am nächsten Tag hätten weiterfahren können, um wenigstens die Chance auf Meisterschaftspunkte nicht zu vergeben. Das wurde aber leider versäumt!“

Klar, dass eine derartige Zuverlässigkeit nur mit perfekter Vorbereitung und Organisation zu erreichen ist. Guido Brasch: „Wir hatten natürlich einen großen Vorteil – Michael hat bei seinen Rallyes nie einen größeren Karosserieschaden mit nach Hause gebracht. Denn wenn die Karosserie in größerem Maße beschädigt ist, wird es zeitaufwendig – das ist uns immer erspart geblieben. Wir mussten uns immer nur um die Technik kümmern.“

Wir – das waren in diesem Fall Lutz Jentsch, Rüdiger Walz, Freelancer Rainer Fischer und Guido Brasch. Zwei von dem Team waren immer bei den Veranstaltungen dabei, einer blieb zu Hause und hat sich dort bereits um die Vorbereitungen für den nächsten Rallye-Einsatz gekümmert. Man wusste, in welchen Zyklen Verschleißteile ausgetauscht werden mussten, sie wurden deshalb rechtzeitig bestellt und lagen in Coburg schon zum Einbau bereit, wenn der Rest der Truppe spätestens am Montagmittag von einem Lauf zurückkam.

„Guido hat mit seinen Kollegen dafür gesorgt, dass ich die ganzen Rallyes ohne ein einziges technisches Problem fahren konnte.“
Michael Stoschek

Seit mehr als 30 Jahren kümmert sich Guido Brasch um die perfekte Vorbereitung der Fahrzeuge von Michael Stoschek.

Guido Brasch has been responsible for the perfect preparation of Michael Stoschek's vehicles for over 30 years.

Konzentrierter Blick: Guido Brasch.

A portrait of concentration: Guido Brasch.

Das vollständige Team im Meisterschaftsjahr 2006.

The whole team pictured in the 2006 championship year.

Es gibt immer etwas zu tun.

There's always work to be done.

„Und dann hatten wir vier bis maximal fünf Tage Zeit, den Wagen zu überholen und für den nächsten Einsatz vorzubereiten.

Was wurde in diesen wenigen Tagen alles erledigt?

„Wir haben das Auto immer zerlegt, dann die Radlager ausgetauscht, die Achsen neu gefettet und alle Verschleißteile neu eingebaut. Dazu wurde der Motor nach jeder Veranstaltung ausgebaut und am Dienstag mit einem Fahrer zu unserem Motoren- und Getriebespezialisten nach Bremen gebracht. Dort hatte man dann bis Donnerstag Zeit, die Antriebseinheit komplett zu überprüfen und, wenn nötig, instand zu setzen. Dann wurde sie überholt wieder nach Coburg geholt, wo der Einbau stattfand. Genauso wurde die Kupplung ausgetauscht, Bremsflüssigkeit erneuert – es wurde wirklich alles zerlegt, geprüft, gegebenenfalls ersetzt und wieder zusammengebaut. Um dann am Mittwoch der folgenden Woche mit dem Transporter zur nächsten Veranstaltung gefahren zu werden. Im Prinzip wurde der S/T in der Saison also zwölfmal zerlegt und wieder fit gemacht."

Es war eine unglaubliche Saison, Guido Brasch nahm sich in diesem Jahr ganze fünf Tage Urlaub – Michael Stoschek: „So ein Jahr muss man einmal erlebt haben, wir haben uns derart intensiv um die Meisterschaft gekümmert, dass dieses Jahr wie im Traum verflog."

In diesem Jahr war natürlich auch der Ehrgeiz geweckt worden – „Wir hatten beschlossen, um die Meisterschaft zu fahren. Und dann ist das Ziel auch, die Meisterschaft zu gewinnen." Guido Brasch erinnert sich: „Das Umfeld hat perfekt gepasst, das Team war super motiviert und Michael Stoschek hat sich für ein Jahr von seinen Aufgaben als Vorsitzender der Geschäftsführung von BROSE getrennt, um sich voll auf die Rallyes zu konzentrieren."

Nach jeder Rallye wurde der 911 S/T zerlegt, generalüberholt und wieder neu aufgebaut.

Das Jahr gestaltete sich jedoch noch etwas komplizierter: Für Michael war von Anfang an klar, dass er – um die Saison als Europa-Meister zu beenden – nicht nur an den dafür nötigen Läufen teilnehmen musste, sondern in weiteren Wettbewerben starten musste, um im Rhythmus zu bleiben. „Ideal wäre gewesen, jedes Wochenende an einer Rallye teilzunehmen, damit man danach in Übung bleibt und immer mehr Routine bekommt."

Jedes Wochenende eine Rallye zu fahren war dann doch nicht möglich – aber letztlich trat das Team, um in Form zu bleiben, noch bei sechs weiteren Wettbewerben an:

05.01.2006	Planai Classic	Porsche 914/6
17.06.2006	Rallye Coburg	Lancia Stratos
22.07.2006	Ennstal Classic	Porsche 914/6
29.07.2006	Eifel Rallye Daun	911 SC/RS Rothmanns
03.09.2006	Bergrennen Arosa	911 RSR
10.11.2006	Tour de Espana Classic	911 RSR

So musste die Mannschaft um Guido Brasch zusätzlich zu den Läufen zur Europa-Meisterschaft noch vier weitere Fahrzeuge vorbereiten und zu den Veranstaltungen europaweit transportieren. „Und natürlich wurden auch diese vier Fahrzeuge mit der im Team üblichen Perfektion gewartet."

Zurück zu dem Werks-Porsche 911 S/T mit der Fahrgestell-Nummer 911 230 0041. Bleibt die Frage, ob man den Wagen von 1972 noch mit dem von 2006 vergleichen kann?

Für Guido Brasch ist das Fahrzeug der Historischen Rallye-Europameisterschaft 2006 mit dem S/T, mit dem Gérard Larrousse und Jean-Claude Perramond am 28. Januar 1972 in Monte Carlo ins Ziel fuhren, zum größten Teil identisch: „Die Karosserie ist original, wie auch der Motor und das Getriebe, die nach den FIA-Vorgaben neu aufgebaut wurden. Die Abmessungen der Bremsen sind ebenfalls mit dem Werkswagen von 1972 identisch."

Dennoch haben sich viele Details geändert, was aber größtenteils den Homologations-Vorschriften geschuldet ist. Der vergleichsweise kleine Überrollbügel und die eher rudimentären Schalensitze – ohne Kopfstützen –, die damals zum Einsatz kamen, sind heute im Rallye-Sport nicht mehr zulässig. Heute muss ein verschweißter Überrollkäfig montiert sein, dazu kommen entsprechende zertifizierte Renn-Sitze. Die gesamte Sicherheitsausstattung inclusive des Tanks etc. müssen heute ganz andere Voraussetzungen erfüllen. Neu sind die breiteren Reifen, die den Grip dramatisch erhöhen.

Für Michael Stoschek machen die Reifen den größten Unterschied zwischen den Fahrzeugen damals und heute aus: „Ich bin vor ein paar Jahren mit meinem 2-Liter-Elfer wieder mit den schmalen Reifen von 1965 gefahren und war überrascht, wie wenig Grip sie boten. Dann habe ich moderne Rennreifen montiert und erlebt, wie sehr die Karosserie unter dem höheren Grip gelitten hat – und mir war sofort klar, dass diese Fahrzeuge mit den heutigen neuen Pneus schlichtweg überfordert sind."

„Ich bin vor ein paar Jahren mit meinem 2-Liter-Elfer wieder mit den schmalen Reifen von 1965 gefahren und war überrascht, wie wenig Grip sie boten."

Wie begegnet man diesen deutlich höheren Belastungen, die die neuen Reifen einem alten Rennwagen zumuten?

Für Guido Brasch liegt das Geheimnis in der permanenten Pflege aller Teile: „Wir haben beim Fahrwerk, den Radlagern, den Stoßdämpfern jedes Teil nach jeder Rallye überprüft und meistens sicherheitshalber alle Teile durch Neuteile ersetzt. Das Geheimnis des Erfolgs ist eben die ständige Überwachung und Kontrolle."

Für Michael Stoschek ergänzen zudem noch die modernen Bremsflüssigkeiten die höheren möglichen Geschwindigkeiten: „Obwohl die Scheibenbremsen dieselben Dimensionen wie früher haben, sorgen die Materialien dennoch für deutlich bessere Bremseigenschaften. Es ist die Menge dieser kleinen Verbesserungen, die unter dem Strich dafür sorgen, dass der 911 S/T heute deutlich schneller gefahren werden kann, als das 1972 der Fall war."

Ein Grund für die makellose Bilanz war sicherlich auch, dass der 911 S/T über eine völlig neue, moderne Elektrik verfügte – im Reglement stand nichts zu diesem Thema, da gab es keine Vorschriften. Dort war keine Technik von 1971/72 gewünscht, also montierten wir eine neue, vernünftige und bombensichere Elektrik. Die Lösung war ein neuer Kabelstrang mit modernen Sicherungsautomaten, mit deren Hilfe jedes Problem im Ansatz erkannt und gelöst werden konnte. Damit war auch diese Fehlerquelle sicher ausgeschlossen.

Natürlich wurde der 911 S/T nach der Saison 2006 noch weiter bei Wettbewerben eingesetzt, wobei der Auftritt bei der Rallye Monte Carlo Historique im Jahr 2015 sicherlich ein Höhepunkt war.

Michael Stoschek: „2006 war die Monte Historique ja kein Lauf der Europemeisterschaft, und da war es klar, dass der Wagen eines Tages noch einmal nach Monte Carlo zurückkehren sollte – 2015 war es dann soweit."

Während manche Sammler den originalen Porsche Werkswagen wahrscheinlich in ihrer Garage auf ein Podium gestellt hätten, kommt er bis heute regelmäßig bei Veranstaltungen zum Einsatz. Es lohnt sich ein Blick auf die Liste der Punkte, die Guido Brasch im Herbst 2014 anfing abzuarbeiten, damit der Einsatz in Monte Carlo – 43 Jahre nach dem ersten Auftritt – zum Erfolg führen sollte. Dafür wurde der 911 S/T in folgenden Punkten vorbereitet und überarbeitet:

- Moderne Stoßdämpfer mit eigener Abstimmung für Schnee
- Spezieller Unterbodenschutz gegen Festfahren im Schnee
- Standheizung und Sitzheizung, um die Besatzung bei einem technischen Defekt vor dem Erfrieren zu schützen, da die originale Porsche Heizung nur mit laufendem Motor funktioniert
- Spezielle Schnee- und Spikesreifen
- Schaufel, um Schnee notfalls wegzuschaufeln
- Holzplatte für Wagenheber, um bei einem Reifenwechsel das Einsinken zu vermeiden
- Moderne Computertechnik für die Berechnung der Durchschnittsgeschwindigkeit

Dass das Team dann letztlich nicht ins Ziel kam, ist eine an anderer Stelle erzählte Geschichte – das änderte aber nichts daran, dass dieser 911 S/T der wahrscheinlich am häufigsten eingesetzte historische Werks-Elfer aller Zeiten ist, denn Michael Stoschek hat ihn bis heute bei nicht weniger als 45 Rallyes an den Start gebracht. Dabei fuhr er 14-mal auf Rang Eins und nahm insgesamt 28-mal auf dem Podium Pokale entgegen.

Im Laufe der Jahrzehnte ist bei den vielen Einsätzen zwangsläufig ein großes Maß an Know-how zusammengekommen, erklärt Guido Brasch: „In der Sammlung steht ja nicht nur dieser 911 S/T, es gibt ja noch ein paar weitere historische Rallye-Fahrzeuge, die ebenfalls bei den diversen Veranstaltungen rund um die Welt zum Einsatz kamen und immer noch kommen. Und man lernt bei jedem Einsatz dazu."

Im vertrauten Gespräch: Michael Stoschek und Giudo Brasch.

Deep in conversation: Michael Stoschek and Guido Brasch.

brose
DUNLOP
VARSOVIE
CIBIE
Shell
BILSTEIN
KÜS
123
SEB
SEB
DUNLOP
Shell
TRICO

AUF ALLEN STRECKEN ZU HAUSE

Mehr als nur der Sieger der Historischen Rallye-Europameisterschaft – dieser Wagen ist auch sonst regelmäßig bei Rallyes zu sehen und zu hören.

More than just the winner of the Historic European Rally Championship, this car is also a regular sight and sound at rallies.

9. November 2003: Rallye Köln/Ahrweiler.

November 9, 2003: Cologne/Ahrweiler Rally.

18. Juni 2005: Rallye Saarland.

June 18, 2005: Saarland Rally.

1. März 2009: Rallye Costa Brava. March 1, 2009: Costa Brava Rally.

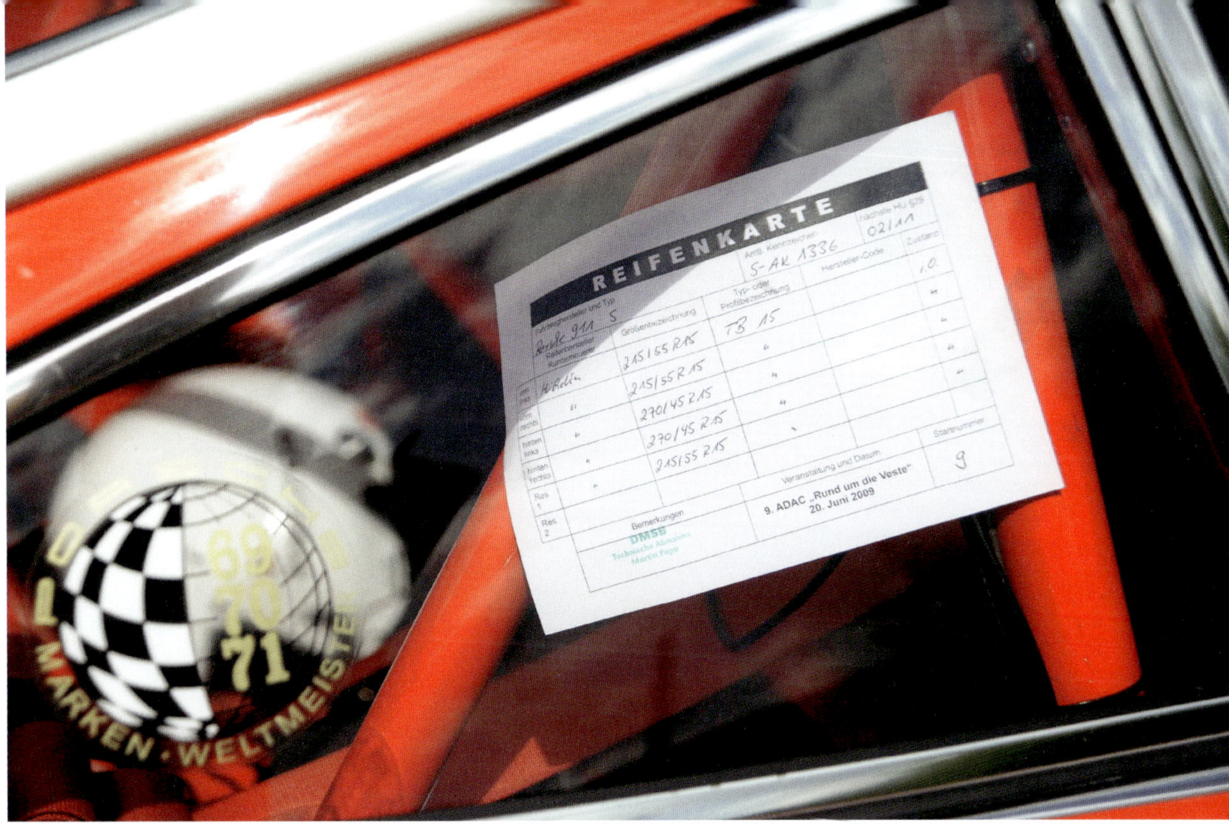

Beim „Gasthaus zur Gemütlichkeit": Rallye Coburg / 21. Juni 2004.

In front of the "Gasthaus zur Gemütlichkeit" inn at the Coburg rally, June 21, 2004.

giardini nord
Shell
S-AK 1336
CIBIE
202
brose

Während andere Sammler ihre Schätze in der Garage pflegen, kommt die 0041 regelmäßig zum Einsatz – hier am 29. Juni 2015 bei der Rallye Modena, wo das Team Stoschek / Hawranke Platz Zwei im Gesamtklassement erreichte.

4
VARSOVIE
Shell
CIBIE
SEB
1972 4 1972
RALLYE MONTE-CARLO
S-AK 1336
Shell
Shell
TRICO

Rallye Monte Carlo Historique 2015

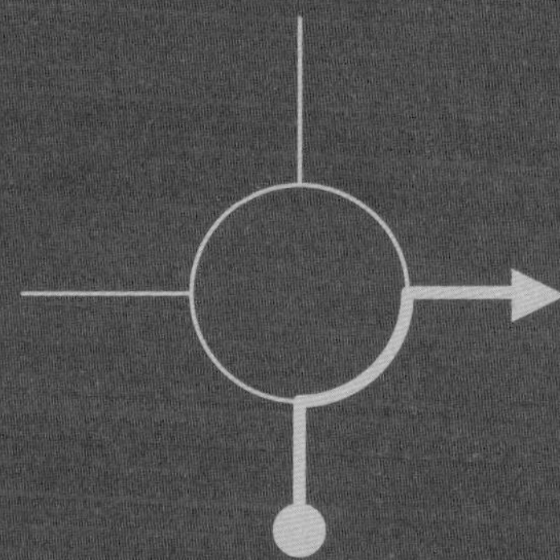

BACK TO THE ROOTS

Nach 43 Jahren kehrte der 911 S/T von Gérard Larrousse
zurück nach Monte Carlo

Mit dem unverwechselbaren Dampfkochtopf auf der Tür: Der 911 S/T wartet in Turin auf das Abenteuer Rallye Monte Carlo.

With the unmistakable pressure cooker on the door, the 911 S/T awaits the start of the Monte Carlo Rally adventure in Turin.

INTESA SANPAOLO
INTESA SANPAOLO
TOSCHEK
TURIN
4
DUNLOP
Shell
CIBIE
BILSTEIN

Natürlich war immer klar, dass der 911 S/T von Gérard Larrousse eines Tages wieder nach Monte Carlo zurückkehren würde – an den Ort, den er am 28. Januar 1972 als Zweiter im Gesamtklassement verlassen hatte. „Der S/T war von Porsche als Werkswagen aufgebaut worden – auch wenn ihn das Werk nie als Werkswagen bezeichnet hatte.“ Selbstverständlich kennt Michael Stoschek die Geschichte der Fahrgestell-Nummer 911 230 0041 bis ins Detail: „Wenn man den Aufwand betrachtet, den Porsche beim Training und bei der Rallye Monte Carlo mit 13 Service-Fahrzeugen für die beiden 911 S/T von Larrousse und Björn Waldegård betrieb, kann man nicht von einem Privat-Einsatz sprechen. Gérard Larrousse trieb von dem französischen Kochtopf-Produzenten SEB rund 50.000 Mark Sponsorgeld auf, um den Einsatz mitzufinanzieren – was zu jenem einmaligen Kochtopf-Dekor auf den Türen führte, für das der Wagen heute berühmt ist. Und dazu steht auf der Front- und der Heckhaube mit einem großen roten Fragezeichen ‚QU'EST-CE QUI EST ROUGE ET QUI VA VITE?‘ – oder auf Deutsch: ‚Was ist Rot und schnell?‘ “

Doch es sollte seine Zeit bis zur Rückkehr dauern: Nach dem ersten Start des 2.5 S/T im Juni 2001 bei der Rallye Coburg – der gleich mit einem Sieg begann – und einigen weiteren Einsätzen in den folgenden vier Jahren folgte dann im Jahr 2006 der Gewinn der Rallye-Euopameisterschaft für historische Fahrzeuge.

2015 war es dann so weit: Michael Stoschek bewarb sich um einen Startplatz bei der 18. Rallye Monte Carlo Historique und natürlich waren die Veranstalter begeistert, einen originalen früheren Werkswagen im Feld dabei zu haben. Und natürlich wurde dem 911 S/T auch dieselbe Startnummer wie 1972 zugeteilt: 4.

Interessant ist dabei, dass die Firma SEB – die nach dem Einsatz 1972 nie wieder im Motorsport als Sponsor aufgetaucht ist – auch nicht daran interessiert war, sich 2015 als Sponsor zu beteiligen.

MONTE-CARLO HISTORIQUE

22.01.2015 Autor: Michael Heimrich

Die Histos kommen!

Die 1911 geborene Idee von Albert I., mit einem Autorennen auch im Winter die Hotelbetten in seinem Fürstentum Monaco zu füllen, funktioniert noch immer prächtig. Kurz nach dem WM-Lauf rücken die Historischen an und inmitten von 310 Teilnehmern will sich ein deutsches Porsche-Duo an der Spitze behaupten.

<strong>GUTES OMEN:</strong> Michael Stoschek tritt mit dem erfolgreichen Porsche 911 an und setzt auch auf die passende Startnummer "4" aus dem Jahr 1972

Nur wenige Tage nach dem die Teams der Rallye-Weltmeisterschaft Monaco wieder verlassen haben, füllt sich das Fürstentum erneut mit buntbeklebten Autos. Insgesamt 310 Teams haben sich zur Monte Carlo Historique angemeldet, mit dem der Geist der alten ‚Monte' am Leben erhalten werden soll.

Ab 28. Januar strömen aus fünf Startorten (Glasgow, Kopenhagen, Reims, Barcelona und Turin) die Fahrer in die Seealpen, wo am Sonntag (1. Februar) die erste Wertungsetappe auf dem Programm steht. Stationen dieser Tagesfahrt sind Digne-les-Bains, der Bergpass Col des Garcinets, Clelles-Mens, der Col de l'Echarasson und Saint-Jean-en-Royans. Es folgen einige klassische Wertungsprüfungen der Rallye Monte Carlo in der französischen Ardèche-Region, unter anderem die 60 Kilometer lange Schleife von Saint-Pierreville nach Le Cheylard sowie die WP „Burzet". Im Anschluss an diese stehen Prüfungen rund um Labatie d'Andaure und Lamastre auf dem Programm.

Die Anfahrt nach Monaco begann am Freitag, dem 30. Januar 2015 um 18:30 Uhr in Turin – diesen Startort hatten immerhin 117 Fahrzeuge der insgesamt 317 Starter gewählt. Neben Michael Stoschek saß Kurt Schimitzek, der bereits neunmal an der Rallye Monte Carlo Historique teilgenommen hatte und im Jahr davor auf Platz 14 ins Ziel gekommen war.

Vor dem Start in Turin hatte das Team ausführlich trainiert: Von Anfang Januar an hatte sich Michael Stoschek in Österreich auf diesen Event vorbereitet und sich dabei hauptsächlich mit Getriebeübersetzungen, der Fahrwerksabstimmung und der Auswahl der Reifen beschäftigt. Dazu wurde die ausgefallene Heizung repariert – dann stand die Reise nach Turin zum Start an, wo 15 Wertungsprüfungen über eine Gesamtlänge von rund 2.500 Kilometern auf den 911 S/T und seine Besatzung warteten.

Natürlich war diese Rallye Monte Carlo Historique für Michael Stoschek eine besondere Veranstaltung: „Erstens kehrte die 0041 zurück nach Monte Carlo und zweitens gilt es hier im Gegensatz zu den Rallyes nach Höchstgeschwindigkeiten eine festgelegte Fahrzeit bzw. Geschwindigkeit laufend einzuhalten. Wenn diese Vorgabe allerdings bei 50 km/h liegt und die engen Gebirgsstraßen mit ihren zahlreichen Kehren von Schnee und Eis bedeckt sind, dann muss man schon sehr beherzt Gas geben und schafft bei den vielen unbekannten Messstellen kaum die Einhaltung des geforderten Durchschnitts."

Nun gab es in diesem Winter besonders viel Schnee, daher waren – neben guten Streckenkenntnissen – vor allem die passenden Reifen für den Erfolg notwendig, zumal auch zahlreiche Prüfungen nachts gefahren wurden.

Nach der Abfahrt in Turin waren die ersten 788 Kilometer bis zum Re-Start in Monaco in der Nacht zurückzulegen – insgesamt betrug die Gesamtlänge der Rallye für das deutsche Team 2.343 Kilometer, von denen 428 Kilometer auf den 14 Sonderprüfungen zu bewältigen waren.

Radwechseltraining in Coburg.

Practicing a wheel change in Coburg.

Gleichmäßigkeitsveranstaltungen verlangen ein umfangreiches Equipment.

Time-Speed-Distance events call for extensive equipment.

Hoffen auf gutes Gelingen: Kurt Schimitzek und Michael Stoschek.

Hoping for a good result: Kurt Schimitzek and Michael Stoschek.

Autogramme schreiben gehört dazu – schließlich gehören der 911 S/T mit der Dampfkochtopf-Werbung und sein Team zu den Favoriten. Danach beginnt das Abenteuer.

Signing autographs is part of the job – after all, the 911 S/T with the pressure cooker insignia and its team are among the favorites with the crowd. Then the adventure begins.

Viel zu besprechen am Abend vor der nächsten Etappe: Kurt Schimitzek und Michael Stoschek.

Kurt Schimitzek and Michael Stoschek have plenty to discuss the evening before the next stage.

Der Parc Fermé im Hafen von Monaco.

The Parc Fermé in Monaco's harbor area.

Ein perfekter Drift erfreut die erstaunlich nahe am Geschehen stehenden Zuschauer – hier der 0041 bei seinem zweiten Monte-Auftritt.

A perfect drift delights the spectators as they stand surprisingly close to the action – here number 0041 is seen in its second outing in Monte Carlo.

2015

1972

53 Jahre vorher praktisch die gleiche Szene – diesmal mit Gérard Larrousse und Jean-Claude Perramond.

Almost the same scene 53 years earlier– this time with Gérard Larrousse and Jean-Claude Perramond.

Zwar hatte das Team Stoschek / Schimitzek vor der Rallye bereits ausgiebig mit M+S-Reifen und Straßenspikes trainiert, entdeckte aber bei der Abnahme in Turin, dass es nicht über die schmalen französischen Spikereifen vom Fabrikat „Burzet“ verfügte, mit denen etliche der im Vorderfeld platzierten Teilnehmer ausgerüstet waren und die auf Schnee und Eis erhebliche Traktionsvorteile boten. Mit den mitgebrachten Winterreifen gelang es so nicht, die geforderte Schnittgeschwindigkeit zu halten. Für die knapp 25 Kilometer lange Prüfung La Cime du Mas/Saint-Nazaire-en-Royans musste der Service sogar Schneeketten aufziehen.

Aufgrund des Schlupfs der Antriebsräder bei Glätte und beim Driften in Kurven betrug zudem die Streckendifferenz zwischen Vorder- und Hinterachse auf einer der Wertungsprüfungen bis zu 1,5 Kilometer. Eine Differenz, die Kurt Schimitzek auf den mechanischen und elektronischen Messinstrumenten permanent ausgleichen musste.

Zunächst lief es gut für das Team: Auf der weitgehend trockenen Prüfung Puget-Théniers/Tourette mit 31 Kilometern Länge erreichte man den 2. Gesamtplatz und in der 53 Kilometer langen Schlussprüfung La Bollène/Sospel Vésubie über den Col de Turini kam man auf Rang 6.

Komplett aus der Wertung fielen Stoschek / Schimitzek auf der mit mehr als 60 Kilometern längsten Prüfung Saint Pierreville/Le Cheylard: Nach einem falschen Abzweig und der Rückkehr auf die richtige Strecke mussten zwei Teilnehmer überholt werden, um wieder in die richtige Position zu gelangen. „Während der erste Fahrer fair Platz machte, tat dies ein Schweizer Alfa-Romeo-Pilot überhaupt nicht und zog sogar wieder nach links, als wir auf gleicher Höhe mit ihm waren. Ich musste in den tiefen Schnee ausweichen und versank in einem Graben. Zum Glück war ein Zuschauerfahrzeug in der Nähe und zog uns wieder auf die Bahn, doch im Ziel fehlten uns rund elf Minuten“, kommentierte ein enttäuschter Michael Stoschek seinen Platz 232 in dieser Prüfung.

S-AK 1336
Shell
CIBIE
VARSOVIE
DUNLOP
4
TRICO

Die Rallye Monte Carlo hat sich immer durch die Vielfalt der Straßenverhältnisse ausgezeichnet – trocken, nass, mit wenig Schnee, mit viel Schnee und gerne auch mit Eis.

The Monte Carlo Rally has always featured a wide variety of road conditions – dry, wet, sparse snow, heavy snow and sometimes even ice.

Ärgerlich ist, wenn man von einem langsameren Konkurrenten beim Überholen in den Schneewall gedrückt wird.

It's a real pain to get pushed into a snowbank by a slower competitor while overtaking.

Natürlich musste der 911 S/T auch 2015 den originalen Varsovie-Aufkleber tragen – doch der Start erfolgte in Turin.

Of course, the 911 S/T also had to display the original Varsovie emblem in 2015, even though the start was in Turin.

Das gab es noch nicht bei BROSE Motorsport: Schneeketten für die nächste Wertungsprüfung.

Something never seen before at BROSE Motorsport: Snow chains for the next special stage.

2015

Bei diesen Bedingungen reichten die Straßenspikes völlig aus.

Road spikes were more than enough for these conditions.

1972

Auf trockener Straße war Gérard Larrousse nur schwer zu schlagen – auf diesen Etappen konnte viel Zeit aufgeholt werden.

Gérard Larrousse was almost unbeatable on dry roads, enabling him to make up a lot of time on these stages.

Shell
S-AK 1336
Shell
CIBIE
Shell
VARSOVIE
4
SEB
DUNLOP
TRICO

VARSOVIE
4
Shell
CIBIE
SEB

VARSOVIE
4
Shell
CIBIE
SEB
S-AK 1336

4
S-AK 1336
Shell

Als das Brose-Team dann am 4. Februar um 2 Uhr morgens erschöpft im Hafen von Monte Carlo über die Zielrampe rollte, hatte es einschließlich einer Zeitstrafe, verursacht durch eine Straßensperre in einer Ortschaft, den Gesamtrang 86 erreicht, Platz 17 in der Kategorie der Baujahre 1966–1971 und Platz 4 in der Klasse über 2 Liter Hubraum.

Das Résumé des Abenteuers: „Der Modus der Veranstaltung war neu für mich, aber die Monte ist sicher eine der faszinierendsten Rallyes überhaupt und fordert wirkliches Durchhaltevermögen. Am Ende hat es uns natürlich gewurmt, bei der großartigen Siegerehrung des Automobilclubs Monaco, des ältesten und vornehmsten Autoclubs der Welt, in unseren mitgebrachten Smokings mit leeren Händen dazustehen."

Stoschek und die „Nacht der langen Messer“

Der Unternehmer aus Coburg sitzt am Steuer eines ganz besonderen Autos mit einer ganz besonderen Geschichte. Und in der Nacht von Dienstag auf Mittwoch wartet auf Fahrer, Co-Pilot und Wagen eine ganz besondere Prüfung.

Von Wolfgang Braunschmidt

Coburg/Turin – Freitagabend, 18.30 Uhr, Turin: Michael Stoschek, Vorsitzender der Gesellschafterversammlung der Brose-Unternehmensgruppe, erhält als erster von rund 80 Fahrern die Freigabe zum Start bei der Rallye Monte-Carlo Historique 2015. Neben ihm sitzt Kurt Schimitzek, der als Co-Pilot die Navigation im Porsche bei der Rallye übernimmt. Schimitzek war schon neun Mal bei dem Wettbewerb für historische Fahrzeuge dabei und ist im vergangenen Jahr als bester Deutscher auf Platz 14 unter insgesamt 350 Startern durchs Ziel gegangen. „Entsprechend ambitioniert sind die Ziele für 2015“, sagt Michael Stoschek.

Original-Werkswagen

Der Coburger Unternehmer sitzt am Steuer eines Porsche 911 SR 2,5 l. Und mit dem Auto verbindet sich eine ganz besondere Geschichte. Gérard Larrousse hat 1972 mit genau diesem Wagen bei der Rallye Monte Carlo den zweiten Platz belegt. Die Stuttgarter Edelschmiede hatte im Oktober 1971 zwei der insgesamt 21 2,5-Liter-Rennversionen gebaut, die im Januar 1972 bei der Rallye Monte Carlo eingesetzt und von der Firma SEß gesponsert wurden. Während Gérard Larrousse damals mit der Startnummer 4 als Zweiter ins Ziel kam, fiel Björn Waldegaard, der ebenfalls mit einem 911er Porsche mit der Startnummer 15 ins Rennen gegangen war, aus – Pech für den ersten Weltmeister im Rallye-Sport.

Michael Stoschek hat den – erfolgreichen – Original-Werkswagen restaurieren lassen. 34 Jahre nach dessen erstem Start bei der Rallye Monte Carlo ging der Larrousse-Porsche mit dem Kennzeichen S-AK 1336, diesmal mit Stoschek am Steuer, wieder in einen internationalen Wettbewerb. Der Coburger Unternehmer gewann 2006 mit diesem Fahrzeug die FIA-Europameisterschaft für historische Fahrzeuge.

Michael Stoschek startet am Freitagabend mit seinem Porsche 911 SR 2,5 l bei der Rallye Monte-Carlo Historique 2015. Damit kehrt der restaurierte Werkswagen an den Ort seines ersten Einsatzes zurück. Michael Stoschek wird navigiert von Kurt Schimitzek, der die Monte-Carlo Historique bereits neunmal gefahren ist und im vergangenen Jahr als bester Deutscher Platz 14 unter mehr als 350 Teilnehmern erreichte. *Foto: MICHAEL AUST XPO info@xpo.it*

Jetzt, im Januar 2015, muss sich der Wagen erneut bewähren. Und zwar an der Stätte seines ersten Triumphs: wieder mit der Startnummer 4, die ihm schon einmal Glück gebracht hat. In Österreich hatte sich Michael Stoschek Anfang Januar auf die Rallye Monte-Carlo Historique vorbereitet. Der Test brachte dem Team von Brose-Motorsport Erkenntnisse hinsichtlich einer neuen Getriebeübersetzung, Fahrzeughöhe und der Bereifung. „Nach Reparatur der ausgefallenen Heizung und einer Verbesserung der Startfähigkeit des Motors sollte der ehemalige Werkswagen von Turin aus Richtung Monaco optimal vorbereitet auf die Fahrt gehen“, heißt es auf der Internet-Homepage der Brose-Unternehmensgruppe. Das Motorsport-Werksteam, das jetzt bei einer der berühmtesten Rallyes der Welt dabei ist, besteht, so Christoph Barthel, Assistent des Vorsitzenden der Brose-Gesellschafterversammlung, aus sieben Mitgliedern.

317 Teilnehmer

Die erste Prüfung, der sich das Team unterzog, dauerte von Freitagabend bis Samstagmittag. Die Rallye für historische Fahrzeuge endet von Dienstag auf Mittwoch mit einer klassischen „Nacht der langen Messer“. Das Ziel, Monte Carlo, wollen die Fahrer am frühen Mittwochmorgen, gegen 1 Uhr, erreichen. Insgesamt starten 317 Teilnehmer. Sie unterziehen sich 15 Wertungsprüfungen auf einer Gesamtlänge von rund 2500 Kilometern.

Urige Fahrzeugtypen

Zur Rallye Monte-Carlo Historique sind nach einem strengen Reglement nur diejenigen Fahrzeuge zugelassen, die verkehrstauglich sind und von denen ein vergleichbares Modell an einer Rallye Monte-Carlo zwischen 1955 und 1977 teilgenommen hat. Unter den Wagen, die bei dem Wettbewerb starten, waren Porsche 911, Alfa Romeo Giuletta Zagato, Renault Alpine oder Ford Escort RS, aber auch schon andere, für eine Rallye-Teilnahme eher urig anmutende Fabrikate wie Citroën DS, Trabant 601 oder Mercedes Heckflossen. Die „Monte Historique“ ist eine Art Sternfahrt. Die ersten Starter der diesjährigen Rallye gingen am 28. Januar auf die Strecke. Seitdem strömen Fahrer aus den fünf Startorten Glasgow, Kopenhagen, Reims, Barcelona und Turin in die Seealpen mit Ziel Monte Carlo.

Shell
SEB
BOSCH
ELECTRIC
DUNLOP
SEB
SEB

DER PORSCHE 911 2.5 S/T – 0041

Fotografiert von Markus Bolsinger.

Photographer: Markus Bolsinger.

SEB
Shell
SEB
BOSCH
ELECTRIC
SEB

Einzigartig: Der 0041 mit der prägnanten Werbung für den französischen Kochtopf-Produzenten SEB.

One-of-a-kind: The 0041 with the eye-catching advertisement for French cookware manufacturer SEB.

Der erste 911 S/T, im Herbst 1971 für die Rallye Monte Carlo 1972 gebaut, wurde zwischen 1998 und 2000 restauriert.

The first 911 S/T, built in the fall of 1971 for the 1972 Monte Carlo Rally and restored between 1998 and 2000.

Gérard Larrousse konnte die Firma SEB als Sponsor gewinnen – es sollte bei nur einem Einsatz 1972 bleiben.

Gérard Larrousse managed to gain SEB as sponsor, but only for a single outing in 1972.

VARSOVIE
DUNLOP
Shell
CIBIE
BILSTEIN

SANDVIK
DUNLOP
CIBIE
BILSTEIN
GASDRUCK
STOSS
DÄMPFER

Weichenstellung: Das linke Auspuffrohr für den Betrieb auf öffentlichen Straßen – rechts sorgen zwei offene Rohre für mehr Leistung und deutlich mehr Lautstärke (li.). Leicht und stabil – die Minilite-Felgen an der Hinterachse wurden aus Magnesium gefertigt (o.).

Setting the scene: The left exhaust pipe is intended for use on public roads – on the right, two open pipes provide for more power and significantly more noise (left). Lightweight and stable – the Minilite rims on the rear axle are made of magnesium (above).

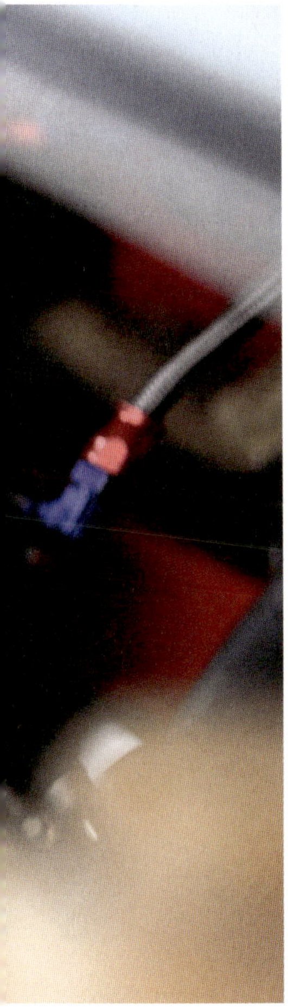

Der 2,5-Liter-Einspritzmotor mit Doppelzündung und offenen Ansaugtrichtern.

The 2.5-liter fuel injection engine with dual ignition and open inlet pipes.

Suspension by NTP

An die Karriere des Autos als Testwagen bei Porsche erinnert das Loch oberhalb des Stabilisatorarms (links). Hier verlief die Leitung für das erprobte ABS-System.

Bei dem serienmäßigen Armaturenbrett (oben) fällt nur der verdrehte Drehzahlmesser auf – nun liegt der entscheidende Bereich besser im Blick des Fahrers.

The hole above the stabilizer arm (left) is a reminder of the car's career as a Porsche test vehicle. This is where the cable for a new ABS system ran.

The only unusual feature on the standard dashboard is the skewed tachometer (above), ensuring the key area is better within the driver's eyeline.

Komfort ist kein Thema: Der karge Innenraum des Rallye-Wagens zeigt, dass Dämmmaterial überflüssig und ein Überrollkäfig lebensnotwendig ist.

No thoughts of comfort: The spartan interior of the rally car shows that insulation material can be dispensed with, while a roll cage is vital for safety.

DUNLOP
CIBIE
Shell
BILSTEIN
S-AK 1336
Shell
TRICO

S/T ALT UND NEU

Die klassische Elfer-Form ist auch nach einem halben Jahrhundert zu erkennen – doch der 911 S/T von 1972 wirkt graziler als sein Pendant von 2023.

VARSOVIE
Shell
STOSCHEK
D. HAWRANKE
4
SEB
SEB
Shell
DUNLOP
BOSCH
ELECTRIC

VARSOVIE
CIBIE
Shell
4
SEB
Shell
PORSCHE
BOSCH
S-AK 1336

CO ST 14
S-AK 1336
Shell
CIBIE
VARSOVIE
4
SEB

Porsche 911 S/T 1972 und 2023

Die Porsche AG hat in den letzten Jahren mehrfach 911-Modelle herausgebracht, die an bekannte Vorbilder aus dem Rennsport der siebziger und achtziger Jahre erinnern sollen. So wurde im Jahr 2016 mit dem Typ 911 R an das Leichtbaufahrzeug mit der gleichen Bezeichnung aus dem Jahr 1967 erinnert. Bei beiden Fahrzeugen handelt es sich um die gewichtsreduziertesten Versionen ihrer Epoche.

Von den Rennsportwagen der Achtzigerjahre war der 911 2,5 S/T der bis dahin stärkste S/T-Typ und der unmittelbarer Vorgänger des Carrera 2,7 l. Von den 270 PS starken, 970 kg leichten Rennsport Wagen, die in einer Stückzahl von überlieferten 21 im Produktionsjahr 1972 hergestellt und homologiert wurden, sind für den Einsatz bei der Rallye Monte Carlo im Januar 1972 zwei Exemplare bereits im August 1971 vorgezogen worden. Die 2,5-l-Aggregate wurden erst kurz vor dem Start fertiggestellt und konnten während der Trainingsfahrten im Dezember 1971 noch nicht eingesetzt werden. Der 911 2,5 S/T wurde im Rallye-Sport aber insbesondere bei Rundstreckenrennen eingesetzt.

2023 brachte die Porsche AG eine neue Auflage des 911 S/T heraus. Das Fahrzeug war mit allen zu dieser Zeit bekannten Ausstattungen versehen, die das Gewicht verringern und die Performance verbessern sollen. Das Resultat waren Fahreigenschaften, über die die Fachleute bis heute einig sind: der bis dato beste Kompromiss eines Porsche 911 zwischen Leistung, Gewicht, begeisternden Fahreigenschaften auf der Straße wie auf der Rennstrecke. Und die Ästheten freuten sich wie beim mehr als 50 Jahre älteren Vorgänger über den Verzicht auf einen Heckspoiler.

Porsche 911 S/T 1972 and 2023

In recent years, Porsche AG has produced several 911 models that are intended to evoke famous racing models from the 1970s and 1980s. In 2016, for example, the Type 911 R commemorated the lightweight vehicle of the same name from 1967. Both vehicles are the most lightweight versions of their time.

Of all the racing cars built in the 1980s, the 911 2.5 S/T was the most powerful S/T model and the immediate predecessor of the Carrera 2.7 l. Two 270 hp, 970 kg racing cars, out of a total of 21 manufactured and homologated in 1972, were hurried through production in August 1971 to participate in the Monte Carlo Rally in January 1972. The 2.5 l engines were only completed shortly before the start and were unavailable for the practice sessions in December 1971. The 911 2.5 S/T was used in rallying but mainly competed in circuit races.

In 2023, Porsche AG launched a new edition of the 911 S/T. The vehicle included all the familiar features at the time and was designed to reduce weight and improve performance. This resulted in driving characteristics that experts still agree constituted the best compromise in Porsche 911 between power, weight, and thrilling handling on both the road and the racetrack. Likewise, as with its more than 50 years older predecessor, it lacked a rear spoiler – something that pleased aesthetes.

brose
Shell
DUNLOP
BOSCH
ELECTRIC

Zwei Männer – ein Traumjob: Rüdiger Walz und Guido Brasch kümmern sich um automobile Schätze.

Two men – one dream job: Rüdiger Walz and Guido Brasch take charge of automotive treasures.

VARSOVIE
Shell
4
SEB
CIBIE
BILSTEIN
DUNLOP
S-AK 1336
TRICO

VON FOTOGRAF UND KÜNSTLER GESEHEN

Der Porsche 911 2.5 S/T aus der Sicht des Fotografen René Staud.

The Porsche 911 2.5 S/T seen from the perspective of photographer René Staud.

„EIGENTLICH BEVORZUGE ICH SCHWARZ UND GRAU."

Der Stuttgarter Künstler Wolf Gast und seine Interpretation des Fotos: Wolf Gast legt seinen Grafiken immer in schwarzen und grauen Tönen an – und ergänzt sie dann mit nur einer Farbe: „Um einen Schwerpunkt zu setzen." So entstand 2017 die Serigrafie *Monte Rouge*.

Stuttgart artist Wolf Gast and his interpretation of the photo: Wolf Gast always produces his graphics in black and gray tones – and then highlights them with just one single color "to create a focal point." This is how he created his Monte Rouge series in 2017.

brose
SEB
Shell
QU'EST-CE QUI EST ROUGE
ET QUI VA VITE?
4
VARSOVIE
Shell
S-AK 1336

SAMMELN: Die Modellauto-Sammlung von Michael Stoschek

EN MINIATURE

Wie sammelt ein Rallye-Europameister Modellautos? Mit einem klaren Blick für Details, für faszinierende Millimeter-Arbeit.

Der 911 2.5 S/T, parkt als präzises 1:18-Modell auf dem Renntank.

A perfect 1:18 scale model of the 911 2.5 S/T sits on the racing car's fuel tank.

„Wenn ich am Start einer Rallyeprüfung im Auto sitze, bin ich voll konzentriert und vergesse die Welt um mich herum. Bei der Vorbereitung eines Rennwagens ist Präzision unerlässlich. Deshalb auch meine Liebe für ungewöhnlich präzise Modelle.“

Wir treffen Michael Stoschek in der Halle, in der seine Renngeräte in 1:1 parken. Hier stehen die passenden Miniaturen auf den Dächern der Originale. Neben dem rot-weißen 911 2.5 S/T – sind es zahlreiche Elfer aus Zuffenhausen. Ein grüner 911 2,0 mit kurzem Radstand, ein ’84 Porsche 911 SC/RSGruppe B im „Rothmans“-Look, ein „Belga“-SC/RS von 1985 oder der weiße Carrera RSR, mit dem Emerson Fittipaldi 1974 in der amerikanischen IROC-Serie antrat. Alle parken in einer Halle neben seinem Wohnhaus.

„Rennautos müssen präzise sein. Deshalb hätte ich das auch gerne bei meinen Modellautos.“

Aber Michael Stoschek hat noch ein ganz anderes Lieblingsauto: „Der Lancia Stratos hat mich immer wieder fasziniert.“ Also hat er sich einen gekauft und mit der ihm eigenen Präzision zu einem Gruppe-4-Fahrzeug umbauen lassen. Der Stratos ließ den Fan eines kompromisslosen Renngeräts nun nicht mehr los, bis er sich überzeugen ließ, bei Pininfarina den „New Stratos“ in Auftrag zu geben.

Wie sammelt so ein Enthusiast? Die Kollektion, es sind wohl mehr als 400 Stück, konzentriert sich auf die eigenen Fahrzeuge wie BMW-Rennwagen, den Audi Sport quattro oder den Alpine A 110. Denn Letzterer gehört auch zum 1:1-Fuhrpark, inklusive der aktuellen Schwester von heute.

Es gibt einige Überraschungen zu entdecken. Etwa den Stratos Gruppe 4 von Amalgam in 1:5. Wie das sein kann, obwohl man einen solchen Stratos nicht auf der Webpage der Manufaktur findet? Stoschek: „Amalgam hatte die Formen für Signore Ferragamo angefertigt, und wir haben dann damit mein Modell millimetergenau bauen lassen.“ Stoschek war auch an der Modellautofirma aus Bristol beteiligt. Sogar seinen New Stratos gab es deshalb in 1:8 und 1:43 bei Amalgam zu kaufen. Beide sind aber längst vergriffen. Michael Stoschek: „Plötzlich sind diverse 1:43-Modelle vom ‚New Stratos‘ aufgetaucht. Einige mit Lizenz, andere ohne – aber das war mir egal.“

Ein echter Solitär ist der Lancia Stratos von Amalgam aus Bristol in 1:5. Er entspricht in wirklich allen Details dem Vorbild des Gruppe-4-Rennwagens von Michael Stoschek.

The 1:5 scale Lancia Stratos from Amalgam in Bristol is a real gem. It faithfully replicates Michael Stoschek’s Group 4 racing car in every detail.

Die Startnummer 4 von der Rallye Monte Carlo 1972 bereichert in 1:43 und 1:18 die Modellsammlung von Michael Stoschek

The starting number 4 from the 1972 Monte Carlo Rally features in Michael Stoschek's model collection in both 1:43 and 1:18 scales.

Hinter den Modellen des '72 Porsche 911 S/T in 1:18 und 1:43 stehen in der Vitrine die FIA-Trophäe von Michael Stoschek und eine Aufnahme der identischen Auszeichnung von Stoschek und Schumacher.

Behind the 1:18 and 1:43 scale models of the '72 Porsche 911 S/T in the display case can be seen Michael Stoschek's FIA trophy and a photo of the identical award presented to Stoschek and Schumacher.

Historischer Renntransporter mit 1:43-Modell des condagrünen 2-Liter- und des 2,5-Liter-911 ST.

Historic race car transporter with 1:43 models of the Conda Green 2 Liter and the 2.5 Liter 911

Ein weiteres Fahrzeug sticht aus der Miniaturensammlung besonders hervor: „Vom Alfa Romeo 33 Stradale hatte ich zuerst diverse Modelle und erst danach das Original. Sonst war es bei mir umgekehrt." Die Sammlung in den Vitrinen ist beeindruckend, startet mit einem Resinemodell von DMH in 1:8 und reicht über den 1:12er von Premium Classixxs, den 1:18er von Autoart, mehrere 1:43er von Minichamps und Co bis hin zum 1:64er von Kyosho und dem 1:87er von BoS sowie einem winzigen Modell im Maßstab 1:160.

Auch der Klassiker Alfa Romeo 33 Stradale im Maßstab 1:1 ist eine Besonderheit. Michael Stoschek: „Wir haben vier Jahre an der Replika gebaut. In Italien entstand die Karosserie, in der Schweiz die Technik."

Bei den Verkleinerungen seiner Rennwagen interessiert sich Stoschek für die Details: „Deshalb mag ich auch Miniaturen mit beweglichen Türen und Hauben lieber. Ich will möglichst viel Technik sehen." Darum parken hier viele Unikate en miniature. Stoschek: „Wenn ich eine geeignete Basis gefunden habe, baut mir der Experte Manfred Brüggemann aus Mönchengladbach alle Details um. Er macht das einfach klasse, und ich bin jedesmal begeistert, wenn ein weiteres Auto von ihm ankommt!" So hat er etwa einen silbernen 911 2,8 Liter RSR von DeAgostini in 1:8 sagenhaft optimiert!

Beim Modell ist der Kenner erst spät zufrieden – so wie im Training mit der Ideallinie für eine Kurvenkombination: „Wenn ein Aluminium-Wagenheber im Kofferraum liegt, dann möchte ich den auch genauso im Modell unter der Haube sehen." Und dass Technik-Freak Stoschek auch ein paar mehr Leitungen und Nebenaggregate in einem Motorraum schätzt, versteht sich von selbst.

Da kann es schon einmal ein paar Monate dauern, bis der perfekte Schatz in der Vitrine parkt. Der Sammler: „Meine Tochter schüttelt immer den Kopf, wenn sie meine Modellautos sieht. Sie findet es spießig, wenn die 1:18-Modelle auf dem Dach des Originals stehen. Aber ich mag diese Verbindung zwischen groß und klein. "

Die Detailversessenheit darf dann auch mal von der Stange sein, wie beim dem Alpine-Modell der klassischen A110 von Ixo Collections in 1:8: „Was in diesem Modell an Finessen steckt, begeistert mich immer wieder." Stoschek öffnet die Tür und dreht mit der winzigen Kurbel die Fenster herunter. Ein verschmitztes Lächeln huscht über sein Gesicht: „Ist das nicht herrlich?" Modelle können genauso Emotionen auslösen wie ein perfekter Drift!

Manchmal ist der Auto-Enthusiast aber auch ein echter Romantiker. Er holt ein kleines, grünes 1:43-Modell eines Mercedes-Benz 300 SEL aus der Vitrine und zeigt mit dem Finger auf ein winziges Hufeisen, das den Kühlergrill ziert: „Das ist unser Hochzeitsauto. Die Kennzeichen stimmen, und das Hufeisen auch." Der Beweis lässt nicht lange auf sich warten. Denn die große, klassische S-Klasse parkt selbstverständlich im Maßstab 1:1 in der Halle, und auf dem Dach hat Stoschek das passende 1:18-Modell platziert – individualisiert bis in die pergamentfarbene Polsterung hinein. Und auch das veritable Autoart-Modell – perfektioniert von Manfred Brüggemann – ziert ein Hufeisen im legendären Mercedes-Grill.

Die makellosen Details im Kofferraum des Carrera 2.8 RSR von DeAgostini in 1:8 hat Modellbauer Manfred Brüggemann nach dem Vorbild von Stoscheks Wagen gestaltet.

The immaculate details in the trunk of DeAgostini's 1:8 scale Carrera 2.8 RSR were designed by model maker Manfred Brüggemann based on Stoschek's car.

Die Modelle vom Europameister-Porsche zeigen ausgefeilte Dekorationen (oben). Den Alfa Romeo 33 Stradale (oben rechts) hat Michael Stoschek in 1:1, 1:8 und weiteren Maßstäben.

The models of the European Champion Porsche feature sophisticated decorative elements (above). Michael Stoschek owns models of the Alfa Romeo 33 Stradale (above right) in 1:1, 1:8, and several other scales.

Aus der Box

Drei Mechaniker bereiten die Fahrzeuge von Michael Stoschek vor, ein Experte kümmert sich um die individualisierten Miniaturen. Manfred Brüggemann ist eigentlich gelernter Werbegestalter, arbeitete aber auch als Automechaniker und Lackierer. Und mit seinem Sohn stand er für die Rockformation „Friz Quadrata“ auf der Bühne. Das handwerkliche Multitalent: „Ich mache alles außer 3D-Druck. Ich bin also ein analoger Handwerker, völlig ‚oldschool⊠. Es geht mir aber nicht nur um die Umbauten, sondern auch um die verbesserte Dekoration und die individualisierte Außenlackierung.“ Und die ist bei den Rennfahrzeugen von Michael Stoschek ja nicht selten sehr herausfordernd.

Zu den komplexesten Umbauten, die Brüggemann für den Rallye-Piloten vollendet hat, gehört zum Beispiel das Unikat des silbernen Porsche 911 Carrera 2.8 RSR von Michael Stoschek, das auf Basis eines 1:8-Kits von DeAgostini entstand. Virtuose Brüggemann: „In diesem großen Maßstab kann man in Sachen Finessen aus dem Vollen schöpfen. Egal ob Aluminium, Kunststoffe aller Art oder auch ab und zu Fotoätzteile – ich benutze ganz unterschiedliche Materialien.“ Sogar Abziehbilder zur vorbildgerechten Dekoration stellt Brüggemann selbst her. Der Experte erinnert sich: „Ich kenne Herrn Stoschek schon seit den Achtzigern. Da hat er in meinem damaligen Geschäft eingekauft. Er ist ein sehr anspruchsvoller Kunde, der genaue Vorstellungen hat. Aber er weiß meine Arbeit auch zu schätzen. Und das macht Spaß.“ Was sind die wichtigsten Voraussetzungen für solch einen Umbau? Die Antwort lässt nicht lange auf sich warten: „Improvisationstalent, ein gutes räumliches Vorstellungsvermögen sowie eine gesunde Portion Optimismus.“

Die Leidenschaft von Michael Stoschek kennt viele Maßstäbe. Oben das Rallyeauto in 1:43, rechts der Champion mit dem siegreichen Fahrzeug.

Michael Stoschek's passion comes in many shapes and sizes. Above, the 1:43 scale rally car; on the right, the champion poses with the winning car.

Shell
SEB
SEB
DUNLOP
Shell
CIBIE
1972 4 1972
RALLYE MONTE-CARLO
Shell
S-AK 1336
Shell

sparco
sparco
brose
Technik für Automobile

LISTE ALLER EINSÄTZE DES PORSCHE S-AK 1336 IN SEINER ERSTEN UND ZWEITEN ÄRA

Einsätze Porsche 911 S/T 2,5 (S-AK 1336)

Jahr	Datum	Veranstaltung	Fahrer/Beifahrer	Platzierung
1972	25.01.72	Rallye Monte Carlo	Gérard Larrousse/Jean-Claude Perramond	2
	27.05.72	ADAC-1000 Kilometer Rennen Nürburgring	G. Steckkönig/D. Schmid	10
	25.11.72	Rallye Cévennes	G. Larrousse/C. Delferier	dnf
2001	16.06.01	Rallye Coburg	M. Stoschek/N. Kastner	1
2002	10.11.02	Rallye Köln Ahrweiler	M. Stoschek/F. Berßen	2
2003	26.04.03	Rallye Vogelsberg	M. Stoschek/P. Späth	dnf
	09.11.03	Rallye Köln Ahrweiler	M. Stoschek/D. Schneppenheim	3
2004	20.03.04	Trofeo Baleares	M. Stoschek/F. Berrsen	dnf
	20.06.04	Rallye Saarland	M. Stoschek/F. Berßen	dnf
	21.06.04	Rallye Coburg	M. Stoschek/P. Späth	1
2005	18.06.05	Rallye Saarland	M. Stoschek/F. Berßen	1
	26.06.05	Ypres Historic	M. Stoschek/F. Berßen	1
	27.11.05	Rallye du Var	M. Stoschek/F. Berßen	1
2006	02.04.06	Rallye San Remo	M. Stoschek/D. Hawranke	2
	06.05.06	Rallye Acropolis	M. Stoschek/F. Berßen	dnf
	21.05.06	Rallye Citta di Cefalu	M. Stoschek/D. Schneppenheim	6
	03.06.06	Rallye Ostarrichi	M. Stoschek/D. Schneppenheim	1
	24.06.06	Ypres Historic	M. Stoschek/D. Schneppenheim	4
	01.07.06	Rallye Saarland	M. Stoschek/D. Schneppenheim	1
	12.08.06	Rallye Lahti Finnland	M. Stoschek/D. Schneppenheim	1
	26.08.06	Rallye Friuli Alpi Orientali	M. Stoschek/F. Berßen	2
	09.09.06	Rallye Lavanttal	M. Stoschek/D. Hawranke	1
	25.09.06	Rallye Elba	M. Stoschek/D. Schneppenheim	2
	26.11.06	Rallye du Var	M. Stoschek/F. Berßen	3
2007	13.01.07	Rally Abu Dhabi Classic	M. Stoschek/D. Schneppenheim	2
	24.08.07	Rallye Trieste-Vienna	M. Stoschek/D. Hawranke	1

Jahr	Datum	Veranstaltung	Fahrer/Beifahrer	Platzierung
2008	06.04.08	Rallye San Remo	M. Stoschek/D. Hawranke	3
	24.05.08	Rallye Pölstal	M. Stoschek/F. Berßen	dnf
2009	01.03.09	Rallye Costa Brava	M. Stoschek/D. Hawranke	2
	20.06.09	Rallye Coburg	M. Stoschek/D. Hawranke	1
2010	26.06.10	Rallye del Ticino	M. Stoschek/D. Hawranke	3
	30.10.10	Rallye Piancavallo	M. Stoschek/D. Hawranke	2
2011	10.04.11	Rallye San Remo	M. Stoschek/D. Hawranke	4
	29.10.11	Rallye Piancavallo	M. Stoschek/D. Hawranke	1
2012	01.04.12	Rallye San Remo	M. Stoschek/D. Hawranke	4
2013	28.04.13	Rallye Campagnolo	M. Stoschek/D. Hawranke	3
2014	28.09.14	Rossfeld Bergrennen	M. Stoschek/G. Brasch	keine Wertung
2015	10.01.15	Winterrallye Steiermark	M. Stoschek/P. Späth	16
	04.02.15	Rallye Monte Carlo Historique	M. Stoschek/K. Schimitzek	4
	18.04.15	Criterium Jurassien	M. Stoschek/D. Hawranke	dnf
	29.06.15	Rallye Modena	M. Stoschek/D. Hawranke	2
	08.08.15	Rallye Piancavallo	M. Stoschek/D. Hawranke	2
	26.09.15	Großglockner Grand Prix	M. Stoschek/G. Brasch	1
2016	07.05.16	Rallye Rund um die Sulinger Bärenklaue	M. Stoschek/D. Hawranke	dnf
	17.06.16	Rallye Elba	M. Stoschek/V. Walch	1
2017	keine Teilnahmen			
2018	keine Teilnahmen			
2019	20.09.19	Rallye Legends Admont	M. Stoschek/D. Hawranke	Vorausfahrzeug
2020	keine Teilnahmen			
2021	03.07.21	Rallye Ostwestfalen	M. Stoschek/D. Hawranke	dnf
2022	12.03.22	Rallye Clasico Isla Mallorca	M. Stoschek/D. Hawranke	6

Bibliografische Information der Deutschen Nationalbibliothek
Die Deutsche Nationalbibliothek verzeichnet diese Publikation in der Deutschen Nationalbibliografie; detaillierte bibliografische Daten sind im Internet über http://dnb.dnb.de abrufbar.

1. Auflage
ISBN 978-3-667-13078-5

Projektleitung: Markus Bolsinger
Texte: Andreas Berse, Jürgen Lewandowski, Michael Stoschek, Peter Weidenhammer
Schutzumschlaggestaltung, Layout und Lithografie: Jörg Weusthoff, Weusthoff & Reiche Design, Hamburg
Druck: HUNTER Books GmbH, Mainaschaff
Printed in Germany 2025

Delius Klasing Verlag GmbH, Siekerwall 21, D - 33602 Bielefeld
Tel.: 0521/559-0
E-Mail: info@delius-klasing.de
www.delius-klasing.de

Bildnachweis

Archiv Michael Stoschek: U1 Schutzumschlag, S. 6–9, 12 r., 13 l./r., 82, 84–87, 88 u., 89, 91–93, 96, 99, 101, 104, 106–116, 118, 122, 125, 127, 129, 130, 133–137, 139 u., 141, 143–183, 186, 190–203, 206, 208/209, 211–216, 218–220, 221 o., 222–224, 226–228, 268, 270–273;
Thorsten Doerk: U4 Schutzumschlag, 184/185;
Markus Bolsinger: Vorsatz vorn/hinten, S. 10, 11, 13 M., 103, 117, 119 u., 120/121, 139 o., 189, 230–253, 258–267;
Unternehmensarchiv der Dr. Ing. h.c. F. Porsche AG: S. 4, 5, 12 l./M., 14, 17, 18, 19, 21, 23, 24/25, 26, 27, 28/29, 34, 35, 36 M./u., 37, 39, 40, 41, 45–47, 50–52, 56–59, 62–64, 66, 68–81;
auto, motor und sport: S. 30/31, 56 u.;
Adam Rut: S. 36 o.;
McKlein: S. 42–44, 49, 53, 54/55, 124, 126, 128, 217, 225;
Willi Weber (Archiv Nils Ruwisch): S. 60;
Getty Images/Rainer Schlegelmilch: S. 65;
Motor Klassik: S. 88 o., 90;
fotosport, www.foto-sport.info: S.204/205;
Photos Nando: S. 221 u.;
Neue Presse Coburg: S. 229;
René Staud Studios: S. 254;
Wolf Gast/René Staud: S. 256/257

Dieser Bildnachweis wurde mit größter Sorgfalt erstellt. Es ist jedoch nicht auszuschließen, dass nicht alle Rechteinhaber ermittelt werden konnten. Informationen über eventuelle Ansprüche sind bitte an den Verlag zu richten.

QU'EST-CE QUI EST ROUGE
ET QUI VA VITE?
Shell
SEB
VARSOVIE
brose
M. STOSCHEK
V. WALCH
QU'EST-CE QUI EST ROUGE ET QUI VA VITE?
1972 4 1972
RALLYE MONTE-CARLO

M. STO
D. HAV